电网物资抽样检测技能人员职业能力培训教材

电容器分册

国家电网有限公司物资部　组编

中国电力出版社
CHINA ELECTRIC POWER PRESS

内 容 提 要

　　本书是《电网物资抽样检测技能人员职业能力培训教材》中的《电容器分册》，全书分为通用和专业两大部分。通用部分介绍实验室体系要求、人员要求、安全防护要求、环境保护要求、数据管理及信息化、数值处理基础 6 大块共有知识体系；专业部分详细介绍了高压并联电容器基础、高压并联电容器试验基础、高压并联电容器试验方法和要求，以及高压并联电容器不确定度评定示例。

　　本书可作为公司系统各单位检测人员的抽检辅助教案，也可供制造厂了解熟悉电网企业对物资质量的要求，从而推动电工装备产业链供应链的发展，持续改进和提高质量水平。

图书在版编目（CIP）数据

电网物资抽样检测技能人员职业能力培训教材. 电容器分册 / 国家电网有限公司物资部组编. —北京：中国电力出版社，2023.12（2024.5重印）
ISBN 978-7-5198-8417-8

Ⅰ. ①电… Ⅱ. ①国… Ⅲ. ①电容器–抽样检验–技术培训–教材 Ⅳ. ①TM727

中国国家版本馆 CIP 数据核字（2023）第 238638 号

出版发行：中国电力出版社
地　　址：北京市东城区北京站西街 19 号（邮政编码 100005）
网　　址：http://www.cepp.sgcc.com.cn
责任编辑：穆智勇　张冉昕（010-63412364）
责任校对：黄　蓓　王海南
装帧设计：赵姗姗
责任印制：石　雷
印　　刷：北京天宇星印刷厂
版　　次：2023 年 12 月第一版
印　　次：2024 年 5 月北京第二次印刷
开　　本：787 毫米×1092 毫米　16 开本
印　　张：9
字　　数：197 千字
定　　价：60.00 元

编 审 委 员 会

《电容器分册》
编 写 工 作 组

组　　长　孙　萌

副 组 长　熊汉武　储海东　熊　易

编写人员　牛艳召　曾思成　刘岩松　党　冬　雷晓燕　曹　刚

　　　　　　陈中华　高　雄　马鑫晟　邓明锋　金涌川　杨孝志

　　　　　　任双赞　卞龙江　陈之浩　倪　浩　沈艳青　韩学武

　　　　　　侯　平　杨俊宏　李佳宣

序

国家电网有限公司负责运营世界上输电能力最强、新能源并网规模最大的电网，是全球最大的公用事业企业。电网安全稳定运行密切关系人民生活保障和经济社会发展，保证电网安全是国家电网有限公司的重要使命。高质量的电网设备是保证电网安全的重要前提，在构建新型电力系统的时代背景下，运用抽检等手段把好电网设备入网质量关，具有十分重要的意义。

近年来，国家电网有限公司认真践行"质量强国、质量强网"发展战略，深入推进具有中国特色国际领先的能源互联网企业建设，积极构建绿色现代数智供应链体系，持续加强各级质检中心软硬件投入，不断加大物资抽检力度，电网物资检测能力显著提升，切实将各类设备质量隐患消除在入网前，为设备的安全稳定运行奠定了坚实基础。同时，通过抽检这一手段，将一些以次充好、不重视产品质量的供应商及其产品拒之门外，积极传递"质量第一、价格合理、绿色低碳、诚信共赢"的采购理念，引导供应商以质取胜，引领电工电气装备行业高质量发展。

为规范电网物资抽检工作，提升质量检测软实力，国网物资部组织系统内外专家编写了《电网物资抽样检测技能人员职业能力培训教材》系列丛书。丛书以实用、好用为出发点，作为电网物资质量监督、试验检测人员的业务学习和技能培训教材，必将在提高从业人员专业技能水平、落实电网企业质量把关责任、推动电工电气装备行业高质量发展、提升产业链供应链韧性和安全水平等方面发挥重要作用。随着国际国内电工装备制造业和试验检测新技术的发展，后续将持续做好教材的滚动修编工作。

在此，向所有参与《电网物资抽样检测技能人员职业能力培训教材》系列丛书编制和审核的专家，向关心支持国家电网有限公司物资质量监督工作的同仁表示衷心的感谢！

2023 年 12 月于北京

前　言

在新时代的发展背景下，供应链的创新发展已上升到国家战略高度，国家竞争力的重要体现正加速从企业间的竞争转向供应链间的竞争。国家电网有限公司提出构建绿色现代数智供应链，实现供应链由企业级向行业级转变，不断提升供应链的发展支撑力、行业带动力和风险防控力，以优质高效的物资采购和供应服务，更好服务公司战略和"一体四翼"发展布局落地，推动能源电力产业链供应链高质量发展。根据公司提出的《绿色现代数智供应链发展行动方案》，坚持全生命周期好中选优，全力打造入网物资好质量，为安全稳定的电网提供坚实的物资保障。电网物资质量抽检工作是提升电网本质安全的重要措施，也是推动电工装备供应链产业链发展的有效举措。为进一步完善抽检业务标准规范体系，提升电网物资质量检测软实力，公司组织系统内外专家编写了《电网物资抽样检测技能人员职业能力培训教材》系列丛书，全书以实用、管用、好用为出发点，充分征集了各专业部门、各级检测单位、各用户单位的意见及建议，确保教材的科学性、严谨性和时代性。

本套《电网物资抽样检测技能人员职业能力培训教材》是对各大类物资质量抽检工作涉及的体系、专业基础和方法的综合性教辅书籍。全套教材共计 11 册，每册均包含通用部分和专业部分两大部分。在通用部分，涵盖了实验室体系要求、人员要求、安全防护要求、环境保护要求、数据管理及信息化、数值处理基础 6 大块共有知识体系；在专业部分，涵盖电网设备和材料的 31 大类物资，覆盖了电网招标采购的主要一次设备和材料，包括：变压器及电抗器（变压器、配电变压器、电抗器、消弧线圈接地变及成套装置、组合式变压器），高压开关（高压开关柜、环网柜、10kV 电缆分支箱、断路器、柱上开关设备、隔离开关、箱式变电站），低压开关（低压开关柜、JP 柜、0.4kV 电缆分支箱、电能计量箱），互感器（电流互感器、电磁式电压互感器、电容式电压互感器），避雷器，电容器（高压并联电容器），电力电缆及附件（电力电缆、架空绝缘导线、电缆附件、电缆保护管），铁塔及水泥杆［铁塔（管塔）、水泥杆］，导、地线，金具，绝缘子（线路绝缘子、支柱绝缘子）。

本套《电网物资抽样检测技能人员职业能力培训教材》在各物资相关标准的基础上，增加了原理性基础内容，并对相同试验方法涉及的若干物资进行了统一性的合并处理。同时，对试验项目的试验目的、试验方法、试验判定、试验实例等内容进行了详细的阐述，以便读者能更好地掌握本教材的核心内容。本套教材既是公司系统各单位检测人员的抽检辅助教案，也可供制造厂了解熟悉电网企业对物资质量的要求，从而推动电工装备产业链供应链的发展，持续改进和提高质量水平。

本次编写工作历时半年，多次在国家电网有限公司系统内进行意见征集。在初稿编写的基础上，进行了多次集中讨论评审，参加编写的单位有国家电网有限公司物资部、中国电力科学研究院有限公司、国网物资有限公司及国网湖北、浙江、湖南电力等 27 家省公司，参与编写及评审的专家近 200 人，在此对参加本次编写的专家及审稿期间提供支持的相关单位和人员表示感谢！

　　由于编写时间及水平所限，本套教材不足之处在所难免，欢迎系统内外各单位在使用过程中多提宝贵意见。

编　者

2023 年 12 月

目　　录

第二部分 专业部分

第一部分

通 用 部 分

1 实验室体系要求

1.1 概 述

实验室资质认定是国家认证认可监督管理委员会和省级质量技术监督部门依据有关法律法规和标准、技术规范的规定，对检验检测机构的基本条件和技术能力是否符合法定要求实施的评价许可。我国资质认定制度最早始于 1985 年，经过多年的发展，这项针对我国检验检测市场的准入制度由最初的产品质量检验机构实验室资质认定制度演变为检验检测机构资质认定制度，并成为我国检验检测机构进入检验检测市场的基本准入制度。

实验室标准化管理是依据一系列的标准、规范和文件及相关的人力、物力来实现的，所谓"标准"实际就是约束，而此种约束必须要有目的、有意义和有效益，而其根本目的就是为了检测结果的科学、准确。要结合所在实验室的具体情况，为达到分析检测结果国际通行的目标，需制定科学适用的质量管理办法。

检验检测机构应建立、实施和保持与其活动范围相适应的管理体系，应将其政策、制度、计划、程序和指导书制定成文件，管理体系文件应传达至有关人员，并被其获取、理解、执行。检验检测机构管理体系至少应包括管理体系文件、管理体系文件的控制、记录控制、应对风险和机遇的措施、改进及纠正措施、内部审核和管理评审。

建立管理体系的要点：

（1）实验室建立管理体系是为了实施质量管理并使其实现和达到质量方针和质量目标，因此，实验室建立管理体系首先要确定自身质量方针和目标。

（2）实验室建立、实施和保持其管理体系，使其达到确保检测结果质量所需程序的目的。这是所有实验室管理体系共同的目的。

（3）各实验室在遵循《检测和校准实验室能力认可准则》的要求建立管理体系时，应充分应用自身各项资源，建立起与其工作范围、工作类型、工作量相适应的管理体系。

（4）实验室应将管理体系所涉及的政策、制度、计划、程序以及各类指导书等形成管理体系文件。

（5）为了使管理体系有效实施，应将管理体系文件传达到有关人员，并使其易于获得、理解和执行。

1.1.1 产品质量检验机构计量认证（CMA）的起源和发展

为了规范产品质量监督检验机构和其他依照法律法规设立的专业检验机构的行为，提高检验工作质量，1985 年 9 月全国人大批准的《中华人民共和国计量法》中，规定了为社会提供公正数据的产品质量检验机构的考核要求。1987 年 2 月，国务院发布的《中华人民共和国计量法实施细则》中，将对产品质量检验机构的考核称为计量认证。为规范产品质量检验机构的计量认证工作，1985～1987 年，国家计量局先后印发了《质量检验机构的计量认证评审内容及考核办法（暂行）》《产品质量检验机构计量认证工作手册》《计量认证标志和标志的使用说明》《产品质量检验机构计量认证管理办法》等计量认证的配套文件，明确了计量认证的内容、计量认证管理、计量认证程序、计量认证监督等方面的内容。

1990 年 7 月，国家技术监督局（由原国家计量局、国家标准局、国家经济委员会质量局合并而成）批准了 JJG 1021—1990《产品质量检验机构计量认证技术考核规范》。该规范规定了计量认证考核对于产品质量检验机构在人、机、料、法、环、测 6 方面的 50 条考核内容，同时结合中国国情并融汇了国际标准 ISO/IEC Guide 25：1982《检测实验室基本技术要求》的要求。

2000 年 10 月，国家质量技术监督局（由原国家技术监督局更名）发布了《产品质量检验机构计量认证/审查认可（验收）评审准则（试行）》，并废止了 JJG 1021—1990《产品质量检验机构计量认证技术考核规范》和《审查认可（验收）细则》。采用《产品质量检验机构计量认证/审查认可（验收）评审准则（试行）》，不仅涵盖了国际标准 ISO/IEC Guide 25：1990《校准和检测实验室能力的通用要求》的内容，同时参照了 GB/T 15481—2000《检测和校准实验室能力的通用要求》（等同采用国际标准 ISO/IEC 17025：1999）的内容，也满足了《中华人民共和国计量法》和《中华人民共和国标准化法》的特殊要求。

1.1.2 检测和校准实验室能力认可（CNAS）的起源和发展

中国合格评定国家认可委员会（China National Accreditation Service for Conformity Assessment，CNAS）是根据《中华人民共和国认证认可条例》《认可机构监督管理办法》的规定，依法经国家市场监督管理总局确定，从事认证机构、实验室、检验机构、审定与核查机构等合格评定机构认可评价活动的权威机构，负责合格评定机构国家认可体系运行。

中国合格评定国家认可委员是由原中国认证机构国家认可委员会（China National Accreditation Board，CNAB）和原中国实验室国家认可委员会（China National Accreditation Board for Laboratories，CNAL）合并而成。CNAS 通过评价、监督合格评定机构（如认证机构、实验室、检查机构）的管理和活动，确认其是否有能力开展相应的合格评定活动（如认证、检测和校准、检查等）、确认其合格评定活动的权威性，发挥认可约束作用。

1.1.3 实验室资质认定与实验室认可的区别

获得检验检测行业资格评定主要有实验室认可和检验检测机构资质认定两种方式。两者都源自 ISO/IEC 17025：2017《检测和校准实验室能力的通用要求》，实施模式（程序）也大体相同，都是基于评审员去现场评审之后发证，本质上都是对实验室的检测能力和管理体系是否满足标准要求的一项资质评价制度。但两者在性质、审核依据、实施对象及作用上有所不同。

（1）基本性质不同。实验室认可为自愿申请，检验检测机构资质认定属于我国行政许可制度，具有强制性。

（2）审核依据不同。检验检测机构资质认定的审核依据是 RB/T 214—2017《检验检测机构资质认定能力评价 检验检测机构通用要求》，实验室认可的审核依据包括 CNAS-CL01：2018《检测和校准实验室能力认可准则》（等同采用 ISO/IEC17025：2017）及相关领域的应用说明。

（3）实施对象范围不同。检验检测机构资质认定的对象是第三方检测实验室，且不包括校准实验室，而实验室认可包括第一、二、三方实验室，即所有实验室。

（4）地位和作用不同。获得实验室资质认定，可使用 CMA 标志，在国内确保了检测和校准数据的法律效力。通过实验室认可，列入《国家认可实验室名录》，提高实验室的市场竞争力、信誉度和知名度，获得 CNAS 签署互认协议的国家与地区的承认，在认可业务范围内使用"中国实验室国家认可"标志。

1.1.4 实验室认可流程

CNAS-RL01：2019《实验室认可规则》规定了 CNAS 实验室认可体系运作的程序和要求，包括认可条件、认可流程、申请受理要求、评审要求、对多检测/校准/鉴定场所实验室认可的特殊要求、变更要求、暂停、恢复、撤销、注销认可以及 CNAS 和实验室的权利和义务。CNAS-GL001《实验室认可指南》介绍和解释 CNAS 有关实验室认可工作的基本程序和要求，以便于 CNAS 工作人员、申请和获准认可实验室在从事或参与相关认可活动时参考。

1.1.4.1 认可条件

申请人应在遵守国家的法律法规，诚实守信的前提下，自愿申请认可。CNAS 将对申请人申请的认可范围，依据有关认可准则等要求，实施评审并做出认可决定。申请人必须满足下列条件方可获得认可：①具有明确的法律地位，具备承担法律责任的能力；②符合 CNAS 颁布的认可准则和相关要求；③遵守 CNAS 认可规范文件的有关规定，履行相关义务。

1.1.4.2 初次认可流程

（1）意向申请。申请人可以用任何方式向 CNAS 秘书处表示认可意向，如来访、电话、传真以及其他电子通信方式等。申请人需要时，CNAS 秘书处应确保其能够得到最新版本的认可规范和其他有关文件。

（2）正式申请和受理。申请人在自我评估满足认可条件后，按 CNAS 秘书处的要求提供申请资料，并交纳申请费用。CNAS 秘书处审查申请人提交的申请资料，做出是否受理的决定并通知申请人。一般情况下，CNAS 秘书处在受理申请后的 3 个月内安排评审。

（3）文件评审。秘书处受理申请后，将安排评审组长审查申请资料，只有当文件评审结果基本符合要求时才可安排现场评审。

（4）组建评审组。CNAS 秘书处以公正性为原则，根据申请人的申请范围（如检测/

校准/鉴定专业领域、实验室检测/校准/鉴定场所与检测/校准/鉴定规模等）组建具备相应技术能力的评审组，并征得申请人同意。除非有证据表明某评审员有影响公正性的可能，否则申请人不得拒绝指定的评审员。

（5）现场评审。评审组依据 CNAS 的认可准则、规则和要求及有关技术标准对申请人申请范围内的技术能力和质量管理活动进行现场评审。现场评审应覆盖申请范围所涉及的所有活动及相关场所。现场评审时间和人员数量根据申请范围内检测/校准/鉴定场所、项目/参数、方法、标准/规范等的数量确定。一般情况下，现场评审的过程包括首次会议、现场参观（需要时）、现场取证、评审组与申请人沟通评审情况、末次会议。评审组长在现场评审末次会议上，将现场评审结果提交给被评审实验室。对于评审中发现的不符合，被评审实验室应及时实施纠正，需要时采取纠正措施，纠正/纠正措施通常应在2个月内完成。评审组应对纠正/纠正措施的有效性进行验证，纠正/纠正措施验证完毕后，评审组长将最终评审报告和推荐意见报 CNAS 秘书处。

（6）认可评定。CNAS 秘书处将对评审报告、相关信息及评审组的推荐意见进行符合性审查，必要时要求实验室提供补充证据，向评定专门委员会提出是否推荐认可的建议。CNAS 秘书处负责将评审报告、相关信息及推荐意见提交给评定专门委员会，评定专门委员会对申请人与认可要求的符合性进行评价并做出评定结论。评定结论可以是以下四种情况之一：予以认可、部分认可、不予认可、补充证据或信息，再行评定。CNAS 秘书长或授权人根据评定结论做出认可决定。

（7）发证与公布。认可周期通常为2年，即每2年实施一次复评审，做出认可决定。CNAS 秘书处向获准认可实验室颁发认可证书，认可证书有效期一般为6年。

此外，获准认可实验室在认可有效期内可以向 CNAS 秘书处提出扩大或缩小认可范围的申请。获准认可实验室均须接受 CNAS 的监督评审和复评审。

1.1.4.3　认可受理的要求

CNAS 对检测实验申请认可的要求提出具体的要求（参见 CNAS-RL01：2019《实验室认可规则》的条款6），主要包括：申请资料的真实性；是否符合认可要求的管理体系，且正式、有效运行6个月以上；是否进行过完整的内审和管理评审，并能达到预期目的；申请认可的技术能力有相应的检测经历；使用的仪器设备的量值溯源应能满足 CNAS 相关要求；申请人具有开展申请范围内的检测/校准/鉴定活动所需的足够的资源，例如主要人员，包括授权签字人应能满足相关资格要求等。

1.2　通 用 性 要 求

1.2.1　公正性

实验室应公正地实施实验室活动，并从组织结构和管理上保证公正性。

实验室管理层应作出公正性承诺。实验室应对实验室活动的公正性负责，不允许商业、财务或其他方面的压力损害公正性。实验室应持续识别影响公正性的风险。这些风险应包括其活动、实验室的各种关系或者实验室人员的关系而引发的风险。然而，这些关系并非一定会对实验室的公正性产生风险。危及实验室公正性的关系可能基于所有权、控制权、管理、人员、共享资源、财务、合同、市场营销（包括品牌）、支付销售佣金或其他引荐新用户的奖酬等。如果识别出公正性风险，实验室应能够证明如何消除或最大程度降低这种风险。

1.2.2　保密性

实验室应作出具有法律效力的承诺，对在实验室活动中获得或产生的所有信息承担管理责任。实验室应将其准备公开的信息事先通知客户。除客户公开的信息，或实验室与客户有约定（例如：为回应投诉的目的），其他所有信息都被视为专有信息，应予保密。

实验室依据法律要求或合同授权透露保密信息时，应将所提供的信息通知到相关客户或个人，除非法律禁止。

实验室从客户以外渠道（如投诉人、监管机构）获取有关客户的信息时，应在客户和实验室间保密。除非信息的提供方同意，实验室应为信息提供方（来源）保密，且不应告知客户。

委员会委员、合同方、外部机构人员或代表实验室的个人，应对在实施实验室活动过程中获得或产生的所有信息保密，法律要求除外。

1.3　结　构　要　求

1.3.1　实验室法律实体

实验室应为法律实体或法律实体中被明确界定的一部分，该实体对实验室活动承担法律责任。实验室或其母体组织应依法成立，具备独立法人资格；不具备独立法人资格的实验室，作为母体组织内部的一部分应经所在母体组织法人授权。实验室或其母体组织作为法律实体对其进行的实验室活动承担相应法律责任。法人实验室是依法成立并能独立承担法律责任的实体，包括机关法人、事业单位法人、企业法人和社会团体法人。法人实验室应具有有效的登记、注册文件，有统一社会信用代码，其登记、注册文件中的经营范围应包含实验室活动或者相关表述。

非独立法人实验室是某个母体组织（其所在的组织）的一部分，其所在的母体组织为独立法人单位，该实验室在其母体组织内被明确界定其职责、活动范围和权限，具有相对独立的运行机制。非独立法人实验室申请实验室认可时，其实验室名称中应包含注册的母体组织的法人单位名称，申请的实验室活动能力应与母体组织核准注册的业务范围密切相关。非独立法人实验室应提供所在法人单位的法律地位证明文件和法人授权文件，该授权文件包括非独立法人独立开展实验室活动、独立建立健全和持续有效运行管理体系、管理层及其权利和责任等内容，其母体组织应有承担相应法律责任和不干预其运作的公正性声明。母体组织应当确立或授权组成管理层负责该非独立法人实验室的全权运作。

实验室或其母体组织作为其实验室活动的第一责任人，应对其出具的数据、结果负责，并承担相应法律责任。因自身原因导致数据、结果出现错误、不准确或者其他后果的，应当承担相应解释、召回报告或证书的后果，并承担赔偿责任。涉及违反相关法律法规规定的，需承担相应的法律责任。

1.3.2　实验室管理层

实验室应确定对实验室全权负责的管理层。实验室或其母体组织应建立健全组织机构，确定管理层并由其全权负责管理和控制实验室的所有活动（包括质量管理、技术管理和行政管理）。管理层的人员数量、资格和能力、职责和权力、资源配置等应与实验室活动的工作类型、工作量和工作范围相适应，以确保符合实验室体系的要求，满足实验室客户、法定管理机构和对其提供承认的组织的需要。

1.3.3　实验室活动范围

实验室应规定符合实验室体系的实验室活动范围，并制定成文件。实验室应仅声明符合实验室体系的实验室活动范围，不应包括持续从外部获得的实验室活动。实验室应根据自身实际，配备实验室活动所需的人员、设施、设备、计量溯源系统及支持服务等资源，并用管理体系文件的形式界定其依靠自身能力能够完成的实验室活动的范围，包括检测或校准、与后续检测或校准活动相关的抽样等，但不包括自身没有技术能力的分包，以确保实验室的各项工作在规定的范围内实施。

1.3.4　实验室活动场所

实验室应以满足实验室体系、实验室客户、法定管理机构和提供承认的组织要求的方式开展实验室活动，包括实验室在固定设施、固定设施以外的地点、临时或移动设施、客户的设施中实施的实验室活动。实验室应完善机制，建立渠道与实验室客户、法定管理机构和对其提供承认的组织加强沟通和联系，识别这些需求特别是识别适用的法律法规要求，将其纳入管理体系的文件化控制、转化为自身要求并在整个组织内进行沟通。实验室应配置资源，完成满足这些需求的实验室活动，同时定期评审，不断补充和完善。实验室活动可以在其独立调配使用和控制的固定设施、固定设施以外的场所在临时或移动设施、客户的设施中实施，不管在什么场所实施均应被实验室的管理体系所覆盖。所有实验室活动均应处于受控状态，严格执行管理体系文件规定的要求，满足检测体系、实验室客户、法定管理机构和提供承认的组织的要求。

1.3.5　实验室组织关系

实验室应确定实验室的组织和管理结构、其在母体组织中的位置，以及管理、技术运作和支持服务间的关系；规定对实验室活动结果有影响的所有管理、操作或验证人员的职责、权力和相互关系；将程序形成文件的形式，以确保实验室活动实施的一致性和结果有效性为原则。

　　实验室应明确其内部组织和管理结构。实验室可通过内部组织机构图来表述必要时，结合决策领导职能、执行职能、协同配合职能等和/或岗位职责进一步明确人员的职责、权限和相互关系。同时，实验室还应明确外部隶属关系。非独立法人实验室应明确其与所属母体组织以及所属母体组织的其他组成部门之间的相互关系。实验室应明确其管理、技术运作和支持服务间的关系，具体体现在质量管理、技术管理和行政管理之间的关系。

　　实验室内部制定的文件应首先满足法律法规、体系准则要求或标准、规范的要求，这是基本原则。实验室来自外部的文件（如法律、法规、规章、技术标准、外购的通用软件参考数据手册、客户提供的方法或资料等），可以全文采用或部分采用，但不能断章取义，应保持外来文件使用的完整性和一致性。采用的来自外部的文件需要依据实验室活动所在领域、专业的法律法规、标准或规范的要求来完成。如果这些来自外部的文件不能被操作人员直接使用，或其内容不便于理解、规定不够简明或缺少足够的信息，或方法中有可选择的步骤，会在方法运用时造成因人而异，可能影响实验室活动的数据和结果的正确性、可靠性时，则应制定为内部文件并予以明确。实验室内部制定的文件或采用的外来文件可以表现在手册、程序文件或作业指导书等文件类型中。实验室可以选择承载文件的各种载体，可以是数字的、模拟的、摄影的或书面的各种形式。实验室可以根据自身实际情况将程序形成不同的文件形式，也可以由计算机系统予以控制，但应确保实验室活动实施的一致性和结果的有效性。

1.3.6　实验室人员职责

　　实验室应具有人员（不论其他职责）履行职责所需的权力和资源，这些职责包括：

（1）实施、保持和改进管理体系。

（2）识别与管理体系或实验室活动程序的偏离。

（3）采取措施以预防或最大程度减少这类偏离。

（4）向实验室管理层报告管理体系运行状况和改进需求。

（5）确保实验室活动的有效性。

实验室管理层应确保：

（1）针对管理体系有效性、满足客户和其他要求的重要性进行沟通。

（2）当策划和实施管理体系变更时，应保持管理体系的完整性。

1.4　资　源　要　求

1.4.1　总则

　　实验室应获得管理和实施实验室活动所需的人员、设施、设备、系统及支持服务。为确保实验室检测或校准结果的正确性和可靠性，实验室应获得开展管理和实施实验室活动所必需的全部人员、设施环境、仪器设备、计量溯源系统及外部提供的产品和服务。

实验室需利用的资源包括人力资源、物质资源、技术资源、信息资源和自然资源。利用这些资源均要付出成本代价，因此，实验室应在其活动的各个阶段评估这些资源，以确保满足其实验室活动的初始能力和持续能力的需要。实验室应详细记录满足和不满足需求的内容，以保障其溯源性。

资源是实验室建立管理体系的必要条件，实验室应首先根据自身检测业务的特点和规模确定所需配备的资源，并由技术管理层确保实验室运作质量所需的资源。

（1）人力资源。人是最宝贵的资源，一个实验室的水平高低优劣在很大程度上取决于人员的素质与水平。人力资源是资源提供中首先要考虑的，因为所有工作都是靠人来完成的。体系标准规定"实验室应有与其从事检测和/或校准活动相适应的专业人员和管理人员""实验室人员应经过与其承担的任务相适应的教育、培训，并有相应的技术知识和经验""实验室应规定对检测和/或校准质量有影响的所有管理、操作和核查人员的职责、权力和相互关系"。管理层应根据质量管理体系中对各工作岗位、质量活动及规定的职责要求，选择能够胜任的人员从事该项工作。

（2）物质资源。物质资源是指实验室实现检测的基本保证，为确保提供的检测报告能满足标准、规范的要求，应确定为实现检测所需要的基础设施、仪器设备等，并保证其能正常运作。它们包括：

1）办公场所、检测场所和相关设施，包括固定、可移动、临时的设施。

2）检测设备（软、硬件），包括抽样、样品制备、数据处理和分析所要求的所有设备。

3）支持性服务设施，如采暖、通风、运输、通信服务等。

（3）工作环境。必要的工作环境是实验室实现检测的支持条件。一般来说，工作环境包括人和物两种因素。其中，人的环境是指管理层应创造一个稳定、和谐和积极向上的工作环境；而物的环境则包括温度、湿度、洁净度、无菌、电磁干扰、辐射、噪声、振动等。实验室必须对所需工作环境加以确定，并对报告质量有影响的环境实施监控管理。

1.4.2 人力资源要求

所有可能影响实验室活动的人员，无论是内部人员还是外部人员，应行为公正、有能力并按照实验室管理体系的要求开展工作。

实验室应根据所承担的检测工作量、工作类型及实验室的特点合理配置一定数量的技术和管理人员。在人员配备时，应从各岗位的任职条件，从业人员的专业技能、理论水平、工作经验、学历、技术职称等方面考评，对管理人员还要求具有较强的组织协调、规划决策及解决问题的综合管理能力，并具有相应的技术水平。人员配备应根据岗位需要，配备数量合理的管理、监督和检测等人员。为适应当前工作和今后检测业务发展的需要，实验室应有一支稳定的人员队伍，尽量使用长期签约人员。

实验室应将影响实验室活动结果的各职能的能力要求形成文件，包括对教育、资格、培训、技术知识、技能和经验的要求。实验室应确保人员具备其负责的实验室活动的能力，以及评估偏离影响程度的能力。

对所有从事抽样、检测和/或校准、签发检测/校准报告以及操作设备等工作的人员，应按要求根据相应的教育、培训、经验和/或可证明的技能进行资格确认并持证上岗。从事特殊产品的检测和/或校准活动的实验室，其专业技术人员和管理人员还应符合相关法律、行政法规的规定要求。检测机构应做好以下工作：

（1）确定能力要求。实验室对操作专门设备、从事检测及校核的人员、评价检测结果的人员、批准签发报告人员的能力应予以确认，确认内容包括学历、职称、专业技能、工作经验及培训经历等方面，对照实验室任职资格和条件的要求确认有能力胜任所从事的岗位。

（2）人员选择。某些技术领域（如无损探伤检测、内审员）可能要求工作人员持有资格证书才能上岗，对于人员的资格证书的要求是法定的、特殊领域标准要求的，实验室应满足这些专门人员持证上岗的要求。

（3）人员培训。实验室应识别各岗位的培训需求，并制定培训计划。培训计划既要考虑实验室当前和预期的任务需要，也要考虑实验室活动人员的资格、能力、经验、监督评价和人员能力监控的结果，并评价培训活动的有效性，保留培训记录。

（4）人员监督。使用在培训期内的人员应对其安排充分、有效的监督。

（5）人员授权。对检测报告中的结果负责发表和解释的人员，以及报告的授权签字人，除了具有相应的资格、培训、经验、专业技能外，还需要熟悉体系标准及相关的法律法规、技术文件的要求，熟悉实验室管理体系及管理程序，熟悉检测报告审核签发程序，了解所承担检测项目或工程的设计要求以及合同、标书的要求，掌握数据修约、测量不确定度评定等计量基础知识。

（6）人员能力监控。实验室应高度重视对人员能力的保持，为此，实验室应根据实验室的现状和发展确定长远（3～5年）的培训需求。同时，制定与实验室当前和预期任务相适应的培训计划，特别是关键岗位人员能力的保持要通过有计划、持续不断的培训来得到，确保机构人员持续胜任相应岗位的工作。

（7）培训内容。根据各岗位应知应会的要求确定培训内容，通常包括以下方面：

1）职业操守、有关的法律法规及评审准则等。

2）专业基础知识、专业技能以及质量管理和质量控制知识。

3）实验室质量手册、程序文件等管理体系文件。

4）检测技术、规程、规范、方法等相关标准。

5）数理统计、数据处理以及测量不确定度评定知识。

6）计算机应用软件、绘图软件以及自动化设备软件。

7）检测仪器设备自校准、操作使用、维护保养等方面的规程、方法等。

8）行业或法规要求的从业资格证书的培训等。

（8）培训时机。出现下列情况时，实验室应组织有关人员进行培训：

1）新进人员或长期离岗人员上岗前。

2）新开展检测项目的检测人员。

3）新仪器设备投入使用前。

4）执行新标准或新方法前。

5）由于检测人员技术缺陷出现质量隐患或造成检测事故后。

6）新的质量体系运行前。

7）法律、法规和上级主管部门有明确规定和要求时。

8）有其他需求时。

（9）培训计划。实验室应根据其当前和今后的发展目标，确定各类人员的培训目标，制定中长期培训规划和年度培训计划，其主要内容应包括培训的科目和内容、培训对象、培训时间和地点、培训要求、组织管理、授课教师及考试方式等。中长期培训规划可相对宏观，但年度培训计划要具体、明确、可操作性强。

（10）培训管理。培训应由技术负责人制订计划，经最高管理者批准后由实验室相关部门组织实施。技术负责人应对培训计划的组织实施及实施效果进行监督，当发现问题时应及时向最高管理者报告，以保证培训计划的有效实施。对参加培训的人员要按照培训内容及从事工作的应知应会科目进行考试，考试成绩计入个人档案，参加资格培训者应取得相应资格证书。培训和考试结果应由办公室及时记录和收集整理，培训及考核记录应纳入人员技术档案。

实验室应保存技术人员有关资格、培训、技能、经历和业绩等技术档案。人员技术档案应内容正确完整，对其实施动态管理，及时补充更新，并做到一人一档、专人妥善保管。

人员技术档案主要内容包括：

（1）个人简历：个人基本情况、主要学习经历和工作经历等。

（2）学历证明：毕业证书和学位证书复印件。

（3）技术职称证明：技术职称证和聘任证书复印件。

（4）上岗证书：各种检测人员的上岗证书、内审员证书、特殊资格证书等复印件。

（5）工作成果证明：如论文、著作、专利证书、获奖证书等复印件。

（6）培训和考核记录。

（7）考评资料：如年度考评资料、技术或业务能力考评资料。

（8）其他技术业绩证明材料等。

1.4.3　设施和环境条件

设施和环境条件应适合实验室活动，不应对结果有效性产生不利影响。对结果有效性有不利影响的因素可能包括但不限于微生物污染、灰尘、电磁干扰、辐射、湿度、供电、温度、声音和振动。

实验室设施和环境条件是保证检测或校准（包括抽样活动）正常开展，以及检测或校准结果数据正确、可靠的重要影响因素之一。实验室应提供满足检测或校准（包括抽样活动）所需的相应设施和环境条件。实验室的设施应为自有设施，并拥有设施的全部使用权和支配权；应有充足的设施和场地实施检测或校准活动，包括样品储存空间。对诸如微生物污染、灰尘、电磁干扰、辐射、湿度、供电、温度、声音和振动等可能对检测或校准结果有效性有不利影响的因素，实验室应当予以足够重视，采取相应控制措施，确保设施和环境条件适合于相关的检测或校准（包括抽样活动），不会使检测结果无效或对检测有效性产生不利影响。当环境条件危及检测结果时，应停止检测。

实验室应将从事实验室活动所必需的设施及环境条件的要求形成文件。当相关规范、方法或程序对环境条件有要求时，或环境条件影响结果有效性时，实验室应监测、控制和记录环境条件。

实验室应实施、监控并定期评审控制设施的措施，这些措施应包括但不限于：

（1）进入和使用影响实验室活动的区域。

（2）预防对实验室活动的污染、干扰或不利影响。

（3）有效隔离不相容的实验室活动区域。

当实验室在永久控制之外的场所或设施中实施实验室活动时，应确保满足实验室体系中有关设施和环境条件的要求。在实验室永久控制之外的场所或设施中进行检测或校准时，对设施和环境条件应予以特别关注。为保证环境条件符合检测或校准标准或技术规范的要求，不对检测或校准结果有效性产生不利影响，必要时实验室应提出相应的控制要求并记录。

1.4.4 设备

1.4.4.1 基本要求

实验室应获得正确开展实验室活动所需的并影响结果的设备，包括但不限于测量仪器、软件、测量标准、标准物质、参考数据、试剂、消耗品或辅助装置。仪器设备是实验室开展检测工作所必需的重要资源，也是保证检测工作质量、获取可靠测量数据的基础。因此，仪器设备的管理在实验室管理中是一个重要环节。仪器设备的管理内容包括仪器设备的配备、采购、验收、量值溯源、使用、维护、报废等全过程管理，其主要目的是使仪器设备在整个使用寿命周期内处于受控状态，以保证仪器设备配备合理、量值准确可靠，为取得科学、准确、可靠的检测数据提供保障。

实验室应有处理、运输、储存、使用和按计划维护设备的程序，以确保其功能正常并防止污染或性能退化。实验室应建立相关的程序文件，规定设备处理、运输、储存、使用和按计划维护等过程的内容和记录要求，以确保设备功能正常运行并防止污染和性能退化。实验室建立的程序文件应包括标准物质的储存、使用等确保其保持规定特性并防止污染和退化的控制过程和记录要求。实验室应指定专人负责设备的管理，包括校准、维护和期间核查等。实验室应建立机制以提示对到期设备进行校准、维护和期间核查。设备使用者最了解设备的使用状态，应使其参与设备管理。

1.4.4.2 实验室使用控制以外的设备要求

实验室使用永久控制以外的设备时，应确保满足体系对设备的要求。若现场使用客户的设备或其他非实验室设备，是否已将该设备纳入实验室的管理体系；是否由本实验室的人员操作、维护，并对使用环境和储存条件进行了控制；是否确保满足了体系中对设备的要求。永久控制外的设备主要包括外借设备、客户设备、分包方的设备。外借设备主要有以下三种情况：

（1）借到实验室来用。与自己的设备一样进行管理和使用。

（2）在被借用方使用，由被借用方人员进行操作测试。这样的测试 CNAS 是不会受理认可申请的。对于这类测试，借用方实验室要保留其设备校准/检定证书复印件，并确认被借用方操作人员的相关测试能力，或对其进行简短的培训。借用方还要确保测试不会影响公正性、独立性以及保护客户机密和客户所有权。

（3）在被借用方使用，由借用实验室人员操作测试。设备要纳入借用实验室的设备台账上，并要有标识。借用实验室要有设备校准/检定证书复印件，操作人员应进行设备操作方面的培训并有培训记录，要有设备操作、维护和期间核查作业指导书以及相关记录。

1.4.4.3 预防设备的污染和性能退化

实验室应有处理、运输、储存、使用和按计划维护设备的程序，以确保其功能正常并防止污染或性能退化。实验室在固定场所外使用测量设备进行检测、校准或抽样的相关规定，可编写在设备管理程序文件中，也可单独制定程序。设备维护的频次及方式，可根据实验室具体情况进行规定和执行。在设计维护频次时，可根据设备测试量定，通常有日维护、周维护、月维护和年度维护，维护的项目根据频次有层级的安排。维护的方式分为操作者的维护、专家维护（内部专家和外部专家），具体采用哪种方式或几种方式组合，要综合考虑实验室人员能力、财力等再做规定。

1.4.4.4 设备使用要求

当设备投入使用或重新投入使用前，实验室应验证其是否符合规定要求，验证的方式包括校准、核查、比对、检测等。其中，投入使用前应采用校准或核查的方式，重新投入使用前应采用核查或校准的方式。如验证设备达到了要求的准确度、测量范围和不确定度等，符合相应标准、技术规范或设备说明书的要求，即满足使用要求。

1.4.4.5 测量设备的校准与期间核查

实验室应指定专人负责设备的管理，包括校准、维护和期间核查等。实验室应建立机制以提示对到期设备进行校准、核查和维护。用于测量的设备应能达到所需的测量准确度和（或）测量不确定度，以提供有效结果。实验室应按其活动所依据的标准或技术规范的要求，配置所需设备的测量准确度和（或）测量不确定度（包括测量范围），以提供有效的结果。

在下列情况下，测量设备应进行校准：

（1）当测量准确度或测量不确定度影响报告结果有效性。

（2）为建立报告结果的计量溯源性，要求对设备进行校准。

影响报告结果有效性的设备类型可包括：

（1）用于直接测量被测量的设备，如使用天平测量质量。

（2）用于修正测量值的设备，如温度测量。

（3）用于从多个量计算获得测量结果的设备。

对需要校准的设备，实验室应建立校准方案，方案中应包括该设备校准的参数、范围、不确定度和校准周期等，以便送校时提出明确的、针对性的要求。所有需要校准或具有规定有效期的设备应使用标签、编码或以其他方式标识，使设备使用人方便地识别校准状态或有效期。当实验室需要利用期间核查以保持设备校准状态的可信度时，应按照规定的程序进行。期间核查通常是在设备两次校准期间，对设备各功能及技术要求进行核查，对有明显功能变差、技术参数要求超出要求范围的设备及时采取预防措施，以确保设备功能及相关技术参数要求的可信度。期间核查与校准或检定的主要区别如下：

（1）校准或检定是在标准条件下，通过计量标准确定测量仪器的校准状态。而期间核查是在两次校准或检定之间，在实际工作的环境条件下，对同一核查标准进行定期或不定期的测量，考察测量数据的变化情况，以确认其校准状态是否继续可信。

（2）校准或检定必须由有资格的计量技术机构用经考核合格的计量标准按照规程或规范的方法进行。期间核查是由本实验室人员使用自己选定的核查标准按照自己制定的核查方案进行。

（3）校准或检定是用高一级计量标准对测量仪器的计量性能进行评估，以获得该仪器量值的溯源性。而期间核查只是在使用条件下考核测量仪器的计量特性有无明显变化，由于核查标准一般不具备高一级计量标准的性能和资格，所以这种核查不具有溯源性。

（4）期间核查不是缩短校准或检定周期后的一种校准或检定，而是用一种简便的方法对测量仪器是否依然保持校准或检定状态进行的确认。而校准或检定是要评价测量仪器的计量特性，需要控制各种因素的影响，所用的计量标准的准确度高于被检仪器的准确度。

（5）期间核查可以为制定合理的校准间隔提供依据或参考。对于因校准或维修等原因又返回实验室的设备，也应进行验证。应注意到并非实验室的每台设备都需要校准，实验室应评估该设备对结果有效性和计量溯源性的影响，合理地确定是否需要校准。对不需要校准的设备，实验室应核查其状态是否满足使用要求。实验室应根据校准证书的信息，判断设备是否满足方法要求。

判断设备是否需要期间核查至少需考虑以下因素：

1）设备校准周期；

2）历次校准结果；

3）质量控制结果；

4）设备使用频率和性能稳定性；

5）设备维护情况；

6）设备操作人员及环境的变化；

7）设备使用范围的变化等。

1.4.4.6 设备状态标识

如果设备有过载或处置不当，给出可疑结果，已显示有缺陷或超出规定要求时，应停止使用。这些设备应予以隔离以防误用，或加贴标签/标记以清晰表明该设备已停用，直至经过验证表明能正常工作。实验室应检查设备缺陷或偏离规定要求的影响，并启动不符合工作管理程序。

1.4.4.7　设备管理档案

实验室应保存对实验室活动有影响的设备记录，记录应包括以下内容：

（1）设备的识别，包括软件和固件版本；

（2）制造商名称、型号、序列号或其他唯一性标识；

（3）设备符合规定要求的验证证据；

（4）当前的位置；

（5）校准日期、校准结果、设备调整、验收准则、下次校准的预定日期或校准周期；

（6）准物质的文件、结果、验收准则、相关日期和有效期；

（7）与设备性能相关的维护计划和已进行的维护；

（8）设备的损坏、故障、改装或维修的详细信息。

1.4.5　外部提供的产品和服务

实验室应确保影响实验室活动的外部提供的产品和服务的适宜性，这些产品和服务包括用于实验室自身的活动、部分或全部直接提供给客户、用于支持实验室的运作。

产品可包括测量标准和设备、辅助设备、消耗材料和标准物质。服务可包括校准服务、抽样服务、检测服务、设施和设备维护服务、能力验证服务以及评审和审核服务。实验室应按照体系要求界定自身的实验室活动范围，确定完成这些活动所需的资源和条件。当这些资源和条件需要外部提供产品和服务时，应分析外部提供的产品和服务的性质、类型和适用范围，尤其是影响实验室活动的外部产品和服务的适宜性和可能带来的风险，并采取有效措施来消除这些风险或将风险降到最低，确保影响实验室活动的外部产品和服务既要以低成本采购又能保证质量，满足实验室活动所涉及的方法标准或规范的需要。

实验室应有以下活动的程序，并保存相关记录：

（1）确定、审查和批准实验室对外部提供的产品和服务的要求。按照实验室各个部门或岗位的职责规定，遵循"谁使用谁申请、谁管理谁审批、谁采购谁负责、谁使用谁验收"的原则，确定外部提供的产品和服务的流程管理要求。鉴于不同外部提供的产品和服务的特点，应有针对性地提出要求，如：试剂和消耗材料具有不断消耗、补充、更新的特点，应就其购买尤其是接收和储存的要求做出明确的规定；应对实验室不能完成、需要部分提供（分包）给符合要求的其他实验室提出要求；应对校准服务的实验室资质和校准证书的不确定度报告提出要求。

（2）确定评价、选择、监控表现和再次评价外部供应商的准则。根据实验室的实际情况，确定外部产品和服务的范围、性质、特点、技术指标等要求，从外部供应商的资质、提供产品和服务的质量要求、规模、价格、服务满意度、使用者和同行反馈等方面确定综合评价准则，并动态监控、调整和运用这些准则对外部供应商进行评价、选择、表现监控和再次评价，以做出继续使用还是拒绝的决定。

（3）在使用外部提供的产品和服务前，或将外部提供的产品和服务结果直接提供给客户前，实验室应确保影响实验室活动质量的、外部提供的产品和服务只有在经检查或以其他方式进行符合性评价和验收，符合有关方法标准或规范、或满足实验室的管理体系文件规定、或实验室体系的相关要求之后才可以使用。必要时，可针对不同的外部提供的产品和服务，制定验收工作的标准操作程序。

（4）根据对外部供应商的评价、监控表现和再次评价的结果采取措施。实验室通过对外部供应商的评价、监控表现和再次评价方式进行管理，根据评价结果，选择或重新选择和使用合格的供应商及其提供的产品和服务。根据供应商评价结果，建立合格供应商名录。若出现不合格（不满意）的情况，应依据实验室制定的管理程序，对照选择和评价准则完成对供应商的选择和使用并采取措施，持续使用合格的、淘汰不合格的供应商，并保留对供应商进行评价和采取措施的证据和结论。

实验室应与外部供应商沟通，明确以下要求：①需提供的产品和服务；②验收准则；③能力，包括人员需具备的资格；④实验室或其客户拟在外部供应商的场所进行的活动。

1.5　过　程　要　求

1.5.1　要求、标书和合同评审

实验室应有要求、标书和合同评审程序，该程序应确保：

（1）实验室应能与客户充分沟通，对要求应予充分规定并形成文件，且被双方理解。规定要求包括客户要求、实验室体系要求、实验室和客户沟通的其他相关事宜。客户要求应合理、明确，文件齐全，易于理解。双方通过对检测或校准项目、依据、结论、供样方式等的确定，防止由于规定不明确、不一致而影响检测或校准的最终质量。评审客户要求的目的是确保实验室能很好地理解客户的要求，实验室一般不要自行判断，应与客户充分讨论，明确他们的最终要求。

（2）实验室自身的技术能力和资质状况应满足规定要求。按照规定的要求，评审实验室在软、硬件方面是否满足要求，如场地、设备、环境是否具备、人员是否授权上岗、对方法理解如何、有无作业指导书、是否评定过不确定度、是否参加过实验室间比对或能力验证，或是用已知值样品进行过盲样测试、有无行之有效的管理体系等。

（3）当使用外部供应商时，应满足1.4.5的要求，实验室应告知客户由外部供应商实施的实验室活动，并获得客户同意。在下列情况下可能使用外部提供的实验室活动：实验室有开展活动的资源和能力，然而由于不可预见的原因不能承担部分或全部活动，这种情况被称为有能力的分包。实验室没有开展活动的资源和能力，这种情况被称为没有能力的分包。使用外部提供者的服务，是指实验室将检测项目部分分包给有能力的其他实验室。该分包有两类原因：不可预见的原因和持续性的原因。不可预见的原因是指有能力的分包，一个实验室拟分包的项目是其已获得实验室认可的技术能力，但因工作量

急增、关键人员暂缺、设备设施故障、环境状况变化等原因，暂时不满足检测或校准条件而进行的分包；而持续性原因是指一个实验室拟分包的项目是其未获得实验室认可的技术能力。分包方应获得实验室认可并有相应的技术能力，对分包方的管理应满足体系的相关要求。实验室应事先告知客户由外部提供者实施的实验室活动，并征得客户同意。通知客户的目的也含有保密的要求，不能将客户的任务交给其竞争对手。此外，这也是实验室诚实守信的体现。

（4）选择适当的方法或程序以满足客户的要求。当客户未指定所用的方法时，实验室应优先选择国际标准、区域标准或国家标准发布的方法，或由知名技术组织或由有关科技书籍或期刊中公布的方法，或设备制造商规定的方法，也可使用实验室开发或修改的方法。方法的选择应能满足客户需求。对内部或例行客户，要求、标书和合同的评审可简化进行。例如，对例行和其他简单任务的评审，由实验室中负责合同工作的人员注明日期并加以标识（如签名缩写）即可；对于重复性的例行工作，如果客户要求不变，仅需在初期调查阶段或在与客户的总协议下对持续进行的例行工作合同批准时进行评审；对于新的、复杂的或先进的检测或校准任务，则应当保存更为全面的记录。

当客户指定所用的方法不合适或过期时，实验室应通知客户。实验室应确保使用最新有效版本的方法，除非不合适或不可能做到。

当客户要求针对检测或校准做出与规范或标准符合性的声明时（如通过/未通过，在允许限内/超出允许限），应明确规定规范或标准及判定规则。选择的判定规则应通知客户并得到同意，除非规范或标准本身已包含判定规则。

要求或标书与合同之间的任何差异，应在实施实验室活动前解决。每项合同应被实验室和客户双方接受。客户要求的偏离不应影响实验室的诚信或结果的有效性。实验室对客户要求、标书或合同有不同意见时，应在签约之前协调解决。若有关要求发生修改或变更时，需进行重新评审，并将变更内容通知到相关的人员。实验室对于出现的偏离，应与客户沟通并取得客户同意。实验室应评审客户要求的偏离带来的风险，如果影响实验室的诚信或结果的有效性，则不能接受。实验室在执行合同时发生的与合同任何的偏离都应通知客户，如：设备发生故障需要延长合同交付时间或将这部分工作分包，都应通知客户并得到客户同意。如果工作开始后修改合同，应重新进行合同评审，并将修改内容通知所有受到影响的人员。

使客户了解、理解实验室过程，是实验室与客户交流的重要途径。实验室应与客户沟通，全面了解客户的需求，为客户解答有关的技术和方法。与客户或其代表合作的前提是确保其他客户的机密不受损害，保证人员的人身安全，并且不会对实验室结果产生不利影响。实验室在整个工作过程中，应当通过与客户沟通，深入、全面、正确地理解客户的要求，主动为客户服务。与客户的合作可包括：①允许客户或其代表合理进入实验室的相关区域直接观察为其进行的试验；②客户有验证要求的，提供所需物品的准备、包装和发送。

实验室应保存所有的合同评审记录，包括：工作开始前的评审记录；合同执行期间，实验室就客户的要求、工作结果与客户所进行的讨论记录等。

1.5.2　方法的选择、验证和确认

1.5.2.1　检测方法选择与偏离要求

（1）检测方法应能满足检测的要求。检测实验室应使用适当的方法和程序开展所有的实验室活动，适当时，包括测量不确定度的评定以及使用统计技术进行数据分析。实验室应对使用的检测或校准方法实施有效的控制与管理，明确每种新方法投入使用的时间，并及时跟进检测或校准技术的发展，定期评审方法能否满足检测或校准需求。

（2）检测方法应保持现行有效并易于人员取阅。

（3）实验室应确保使用最新有效版本的方法。对于标准方法，应定期跟踪标准的制、修订情况，及时采用最新版本标准。

（4）当客户未指定所用的方法时，实验室应选择适当的方法并通知客户。推荐使用以国际标准、区域标准或国家标准发布的方法，或由知名技术组织或有关科技文献或期刊中公布的方法，或设备制造商规定的方法。实验室制定或修改的方法也可使用。

（5）对实验室活动方法的偏离，应事先将该偏离形成文件并做技术判断，获得授权并被客户接受。

1.5.2.2　检测方法验证

实验室在引入方法前，应验证能够正确地运用该方法，以确保实现所需的方法性能。应保存验证记录。如果发布机构修订了方法，应依据方法变化的内容重新进行验证。在引入检测方法之前，实验室应对其能否正确运用这些标准方法的能力进行验证。验证不仅需要识别相应的人员、设施和环境、设备等，还应通过试验证明结果的准确性和可靠性，如精密度、线性范围、检出限和定量限等方法特性指标，必要时应进行实验室间比对。

1.5.2.3　检测方法开发

当需要开发方法时，应予以策划，指定具备能力的人员，并为其配备足够的资源。在方法开发的过程中，应进行定期评审以确定持续满足客户需求。开发计划的任何变更应得到批准和授权。

1.5.2.4　检测方法确认

（1）方法确认的范围。确认是对规定要求满足预期用途的验证。CNAS-CL01：2018规定对以下情况需要进行方法的确认：非标准方法、实验室制定的方法、超出预定范围使用的标准方法、或其他修改的标准方法。此外，确认可包括检测或校准物品的抽样、处置和运输程序。当修改已确认过的方法时，应确定这些修改的影响。当发现影响原有的确认时，应重新进行方法确认。

（2）方法确认技术。可用以下一种或多种技术进行方法确认：

1）使用参考标准或标准物质进行校准或评估偏倚和精密度。

2）对影响结果的因素进行系统性评审。

3）改变控制检验方法的稳健度，如培养箱温度、加样体积等。

4）与其他已确认的方法进行结果比对，如实验室间比对，根据对方法原理的理解以及抽样或检测方法的实践经验，评定结果的测量不确定度。

（3）确认方法的性能特性。方法性能特性可包括但不限于：测量范围、准确度结果的测量不确定度、检出限、定量限、方法的选择性、线性、重复性或复现性、抵御外部影响的稳健度或抵御来自样品或测试物基体干扰的交互灵敏度以及偏倚。

（4）方法确认的记录内容。主要包括使用的确认程序、规定的要求、确定的方法性能特性、获得的结果、方法有效性声明，并详述与预期用途的适宜性。

1.5.3　抽样

检验检测机构需要对物质、材料或产品进行抽样时，应建立和保持抽样控制程序。抽样计划应根据适当的统计方法制定，抽样应确保检验检测结果的有效性。当客户对抽样程序有偏离的要求时，应予以详细记录，同时告知相关人员。如果客户要求的偏离影响到检验检测结果，应在报告、证书中做出声明。

当抽样作为实验室工作的一部分时，实验室应记录与抽样有关的信息。实验室应将抽样数据作为检测或校准工作记录的一部分予以保存，这些记录应包括以下信息：

（1）所用的抽样方法；

（2）抽样日期和时间；

（3）识别和描述样品的数据（如编号、数量和名称）；

（4）抽样人的识别；

（5）所用设备的识别；

（6）环境或运输条件；

（7）适当时，标识抽样位置的图示或其他等效方式；

（8）对抽样方法和抽样计划的偏离或增减。

1.5.4　检测或校准物品的处置

实验室应有运输、接收、处置、保护、存储、保留、处理或归还检测或校准物品的程序，包括为保护检测或校准物品的完整性以及实验室与客户利益所需要的所有规定。在物品的处置、运输、保存/等候和制备过程中，应注意避免物品变质、污染、丢失或损坏。应遵守随物品提供的操作说明。

实验室应有清晰标识检测或校准物品的系统，物品在实验室负责的期间内应保留该标识。标识系统应确保物品在实物上、记录或其他文件中不被混淆。适当时，标识系统应包含一个物品或一组物品的细分和物品的传递。

接收检测或校准物品时，应记录与规定条件的偏离。当对物品是否适于检测或校准有疑问，或当物品不符合所提供的描述时，实验室应在开始工作之前询问客户以得到进一步的说明，并记录询问的结果。当客户知道偏离了规定条件仍要求进行检测或校准时，实验室应在报告中做出免责声明，并指出偏离可能影响的结果。

若物品需要在规定环境条件下储存或状态调节时，应保持、监控和记录这些环境条件。实验室应有程序和适当的设施以避免样品在储存、处置和准备过程中发生退化、污染、丢失或损坏，如：采取通风、防潮、控温、清洁等措施，并做好相关记录。样品的处理应严格遵守随样品提供的说明或相关标准要求。当样品需要存放在规定的环境条件下储存或状态调节时，应保持、监控和记录这些条件。

1.5.5　技术记录

实验室应确保每一项实验室活动的技术记录包含结果、报告和足够的信息，以便在可能时识别影响测量结果及其测量不确定度的因素，并确保能在尽可能接近原条件的情况下重复该实验室活动。技术记录应包括每项实验室活动以及审查数据结果的日期和责任人。原始的观察结果、数据和计算应在观察或获得时予以记录，并应按特定任务予以识别。

记录是管理体系有效运行和实验室活动符合规定要求的有效证据，是实验室各项管理和技术活动的第一手资料，也是保证检测或校准数据准确、可靠的基础。实验室应有程序规定各项记录的标识、收集、检索、使用、归档、储存、维护和处置，保证其安全性、保密性和可追溯性。

实验室对所开展的每一项检测或校准或抽样活动都应做出记录，所有的这些记录均归为技术记录。技术记录应包括每项实验室活动以及审查数据结果的日期和责任人（负责抽样的人员、每项检测和或校准的操作人员和结果校核人员）。原始的观察结果、数据和计算应在观察或获得时予以记录，并应按特定任务予以识别。

实验室应确保能方便获得所有的原始记录和数据，记录的详细程度应确保在尽可能接近原条件的情况下能够重复实验室活动及识别测量不确定度的因素。只要适用，记录内容应包括：样品描述；样品唯一性标识；所用的检测、校准和抽样方法；环境条件，特别是在实验室以外的地点实施的实验室活动；所用设备和标准物质的信息，包括使用客户的设备；检测或校准过程中的原始观察记录以及根据观察结果所进行的计算；实施实验室活动的人员；实施实验室活动的地点（如果未在实验室固定地点实施）；其他重要信息。

实验室应在记录表格中或成册的记录本上保存检测或校准的原始数据和信息，也可直接录入信息管理系统中，也可以是设备或信息系统自动采集的数据。对自动采集或直接录入信息管理系统中的数据的任何更改，应满足检测体系要求。原始记录为试验人员在试验过程中记录的原始观察数据和信息，而不是试验后所誊抄的数据。当需要另行整理或誊抄时，应保留对应的原始记录。

电子记录的修改应在系统中留下痕迹，存放条件应有安全保护措施并加以保护及备份，防止未经授权的侵入和修改，以避免原始数据的丢失或改动。

实验室应确保技术记录的修改可以追溯到前一个版本或原始观察结果。应保存原始的以及修改后的数据和文档，包括修改的日期、标识修改的内容和负责修改的人员。

1.5.6　测量不确定度的评定

1.5.6.1　测量不确定度的重要性

检验检测机构应建立和保持应用评定测量不确定度的程序，应识别测量不确定度的贡献，建立相应数学模型，给出相应检验检测能力的评定测量不确定度案例。评定测量不确定度时，应采用适当的分析方法考虑所有显著贡献，包括来自抽样的贡献。检验检测机构在检验检测出现临界值、内部质量控制或客户有要求时，需要报告测量不确定度。

CNAS-CL01-G003《测量不确定度的要求》中做出如下说明：中国合格评定国家认可委员会（CNAS）充分考虑目前国际上与合格评定相关的各方对测量不确定度的关注，以及测量不确定度对测量、试验结果的可信性、可比性和可接受性的影响，特别是这种影响和关注可能会造成消费者、工业界、政府和市场对合格评定活动提出更高的要求。因此，CNAS 在认可体系的运行中给予测量不确定度评估以足够的重视，以满足客户、消费者和其他各有关方的期望和需求。CNAS 在测量不确定度评估和应用要求方面将始终遵循国际规范的相关要求，与国际相关组织的要求保持一致，并在国际规范和有关行业制定的相关导则框架内制定具体的测量不确定度要求。

1.5.6.2 测量不确定度的通用要求

（1）实验室应制定实施测量不确定度要求的文件并将其应用于相应的工作，实验室还应建立维护测量不确定度有效性的机制。

（2）实验室应有具备能力的相关人员，能正确评定、报告和应用检测或校准结果的测量不确定度。

（3）测量不确定度评定的程序、方法以及测量不确定度的表示和使用应符合 GUM（《测量不确定度表示指南》）及其补充文件的规定。

（4）实验室应识别测量不确定度的贡献。评定测量不确定度时，应采用适当的分析方法考虑所有显著贡献，包括来自抽样的贡献。

（5）当做出与规范或标准的符合性声明时，实验室应考虑测量不确定度的影响，明确判定规则，所用判定规则应考虑到相关的风险水平（如错误接受、错误拒绝以及统计假设）。应将所使用的判定规则制定成文件，并加以应用。

1.5.6.3 对检测实验室的要求

（1）检测实验室应制定与检测工作特点相适应的测量不确定度评估文件。

（2）检测实验室应有能力对每一项有数值要求的测量结果进行测量不确定度评估，需要时，应评估这些测量结果的不确定度。

（3）检测实验室对于不同的检测项目和检测对象，可以采用不同的评估方法。

（4）检测实验室在采用新的检测方法时，应按照新方法重新评估测量不确定度。

（5）检测实验室应对所采用的非标准方法、实验室自己设计和研制的方法、超出预定使用范围的标准方法以及其他修改的标准方法进行确认，其中应包括对测量不确定度的评估。

（6）对于某些广泛公认的检测方法，如果该方法规定了测量不确定度主要来源的极限值和计算结果的表示形式时，实验室只要按照该检测方法的要求操作并出具测量结果报告，即被认为符合要求。

（7）由于某些检测方法的性质，决定了无法从计量学和统计学角度对测量不确定度进行有效而严格的评估，这时至少应通过分析方法列出各主要的不确定度分量，并做出合理的评估。同时应确保测量结果的报告形式不会使客户造成对所给测量不确定度的误解。

（8）如果检测结果不是用数值表示或者不是建立在数值基础上（如合格/不合格、阴性/阳性、或基于视觉和触觉等的定性检测），则不要求对不确定度进行评估，但鼓励实验室在可能的情况下了解结果的可变性。

1.5.6.4　检测实验室测量不确定度评估所需的严密程度

检测实验室测量不确定度评估所需的严密程度取决于：检测方法的要求、用户的要求、用来确定是否符合某规范所依据的误差限的宽窄。

检测报告中报告必须给出测量结果的不确定度的情况包括：①当不确定度与检测结果的有效性或应用有关时；②当用户要求时；③当测量不确定度影响到与规范限量的符合性时。

1.5.7　确保结果有效性

检验检测机构应建立和保持监控结果有效性的程序。检验检测机构可采用：①定期使用标准物质；②定期使用经过检定或校准的具有溯源性的替代仪器；③对设备的功能进行检查；④运用工作标准与控制图；⑤使用相同或不同方法重复检验检测；⑥保存样品的再次检验检测；⑦分析样品不同结果的相关性；⑧对报告数据进行审核；⑨参加能力验证或机构之间比对；⑩机构内部比对；⑪盲样检验检测等手段进行监控。检验检测机构所有数据的记录方式应便于发现其发展趋势，若发现偏离预先判据，应采取有效的措施纠正出现的问题，防止出现错误的结果。质量控制应有适当的方法和计划并加以评价。

实验室应监控检测或校准/抽样结果的有效性。通常结果有效性的监控也表述为结果质量控制。实验室对监控结果有效性的活动应进行策划，制定质量控制计划并审查、批准相关质量控制计划。质量控制程序的要素包括：质量控制工作的责任部门和责任人、相关工作涉及的部门和岗位、质量控制计划、选取适合且足够的检测或校准项目作为质量控制对象、质量控制的类型和方式、质量控制结果的统计分析技术、质量控制结果的应用等。实验室要采用合适的方式记录监控结果的数据，该方式应便于发现监控结果的发展趋势。如可行，应采用适用的统计技术对监控结果进行分析、判断和审查。

实验室可通过参加能力验证、参加除能力验证之外的实验室间比对来监控能力水平。实验室开展检测或校准结果的质量监控，还应该通过与其他实验室的结果比对的方式来监控自身的检测或校准能力水平。与外部实验室的结果比对提供了一种发现自身系统性偏差的手段，也有助于实验室知道其在同行实验室之间的定位。与外部实验室的结果比对的监控活动也应该予以策划和审查，监控的措施包括但不限于参加能力验证、实验室间比对。实验室参加能力验证应覆盖其认可的子领域并满足 RL02 中对参加能力验证活动频次的要求。

实验室应对开展的检测或校准结果监控活动所获得的数据进行分析，分析的结果可用于控制实验室的检测或校准工作。适用时，可用于改进实验室的检测或校准工作。实验室应制定结果监控活动的预案，并设立监控活动数据分析结果的限值（也称为可以接受的准则）。如果发现监控活动数据分析结果超出了这一预定的限值时，应采取适当措施以防止报告不正确的结果。

1.5.8　结果报告

检验检测机构应准确、清晰、明确、客观地出具检验检测结果，符合检验检测方法的规定，并确保检验检测结果的有效性。结果通常应以检验检测报告或证书的形式发出。检验检测报告或证书应至少包括下列信息：

（1）标题。

（2）标注资质认定标志，加盖检验检测专用章（适用时）。

（3）检验检测机构的名称和地址、检验检测的地点（如果与检验检测机构的地址不同）。

（4）检验检测报告或证书的唯一性标识（如系列号）和每一页上的标识，以确保能够识别该页是属于检验检测报告或证书的一部分，以及表明检验检测报告或证书结束的清晰标识。

（5）客户的名称和联系信息。

（6）所用检验检测方法的识别。

（7）检验检测样品的描述、状态和标识。

（8）检验检测的日期；对检验检测结果的有效性和应用有重大影响时，注明样品的接收日期或抽样日期。

（9）对检验检测结果的有效性或应用有影响时，提供检验检测机构或其他机构所用的抽样计划和程序的说明。

（10）检验检测报告或证书签发人的姓名、签字或等效的标识和签发日期。

（11）检验检测结果的测量单位（适用时）。

（12）检验检测机构不负责抽样（如样品是由客户提供）时，应在报告或证书中声明结果仅适用于客户提供的样品。

（13）检验检测结果来自外部提供者时的清晰标注。

（14）检验检测机构应做出未经本机构批准，不得复制（全文复制除外）报告或证书的声明。

当需对检验检测结果进行说明时，检验检测报告或证书中还应包括下列内容：

（1）对检验检测方法的偏离、增加或删减，以及特定检验检测条件的信息，如环境条件。

（2）适用时，给出符合（或不符合）要求或规范的声明。

（3）当测量不确定度与检验检测结果的有效性或应用有关、或客户有要求、或当测量不确定度影响到对规范限度的符合性时，检验检测报告或证书中还需要包括测量不确定度的信息。

（4）适用且需要时，提出意见和解释。

（5）特定检验检测方法或客户所要求的附加信息。报告或证书涉及使用客户提供的数据时，应有明确的标识。当客户提供的信息可能影响结果的有效性时，报告或证书中应有免责声明。

当需要对报告或证书做出意见和解释时，检验检测机构应将意见和解释的依据形成文件。意见和解释应在检验检测报告或证书中清晰标注。

当用电话、传真或其他电子方式传送检验检测结果时，应满足对数据控制的要求。检验检测报告或证书的格式应设计为适用于所进行的各种检验检测类型，并尽量减小产生误解或误用的可能性。

检验检测报告或证书签发后，若有更正或增补应予以记录。修订的检验检测报告或证书应标明所代替的报告或证书，并注以唯一性标识。

检验检测机构应对检验检测原始记录、报告、证书归档留存，保证其具有可追溯性。检验检测原始记录、报告、证书的保存期限通常不少于 6 年。

1.5.9　投诉

实验室应制定文件，并依据此文件来实施处理投诉的接收、评价及决定等全过程。通常，该文件称为投诉处理程序。实验室应指定部门和人员接收和处理客户的投诉，明确其职责和权利。明确对投诉的接收、确认、调查和处理职责，跟踪和记录投诉，确保采取适宜的措施，并注重人员的回避。

利益相关方有要求时，应可获得对投诉处理过程的说明。在接到投诉后，实验室应证实投诉是否与其负责的实验室活动相关，如相关则应处理。实验室应对投诉处理过程中的所有决定负责。利益相关方是指与投诉人及被投诉人的权益直接相关的组织。例如，投诉人向上级行政主管部门、实验室认可发证机构、投资人、客户、员工、供应商对实验室进行投诉；接到投诉的组织很可能将投诉转到被投诉的实验室，责成实验室处理这起投诉，此时这些组织就构成了利益相关方。利益相关方有权了解投诉的处理情况。当利益相关方有要求时，实验室应为该利益相关方提供投诉处理过程的说明文件。实验室活动是指实验室从事的检测活动、校准活动以及与后续检测、校准相关的抽样活动。实验室应承担的责任包括行政责任、民事责任及刑事责任。

接到投诉的实验室应负责收集和验证所有必要的信息，确认投诉是否有效。投诉分为有效投诉和无效投诉。有效投诉是实验室的责任，应采取适当的纠正措施。无效投诉不是实验室的责任（如客户的责任），对此应采取预防措施。

被客户投诉的人员、与投诉有相关连带责任和利益的人员应采取适当的回避措施。与投诉人的沟通、对投诉的审查和批准，应由与投诉无责任关系的人员做出。必要时，可邀请外部人员实施投诉的调查、处理或审查和批准。只要可能，实验室应正式通知投诉人投诉处理完毕。

1.5.10　不符合工作

当实验室活动或结果不符合自身的程序或与客户协商一致的要求时（例如，设备或环境条件超出规定限值，监控结果不能满足规定的准则），实验室应有程序予以实施。该程序应确保：

（1）确定不符合工作管理的职责和权力。

（2）基于实验室建立的风险水平采取措施（包括必要时暂停或重复工作以及扣发报告）。

（3）评价不符合工作的严重性，包括分析对先前结果的影响。

（4）对不符合工作的可接受性做出决定。

（5）必要时，通知客户并召回。

（6）规定批准恢复工作的职责。

实验室应保存不符合工作规定措施的记录。当评价表明不符合工作可能再次发生时，或对实验室的运行与其管理体系的符合性产生怀疑时，实验室应采取纠正措施。

1.5.11　数据控制和数据信息管理

1.5.11.1　实验室信息管理系统

实验室中用于收集、处理、记录、报告、存储或检索数据的系统，包括计算机化和非计算机化系统中的数据和信息管理。该系统在投入使用前应进行功能确认，包括实验室信息管理系统中界面的适当运行。此外，实验室使用信息管理系统（laboratory information management system，LIMS）时，应确保该系统满足所有相关要求，包括审核路径、数据安全和完整性等。实验室应对 LIMS 与相关认可要求的符合性和适宜性进行完整的确认，并保留确认记录；对 LIMS 的改进和维护应确保可以获得先前产生的记录。

1.5.11.2　实验室信息管理系统的运行要求

（1）防止未经授权的访问。

（2）安全保护以防止篡改和丢失。

（3）在符合系统供应商或实验室规定的环境中运行，或对于非计算机化的系统提供保护人工记录和转录准确性的条件。

（4）以确保数据和信息完整性的方式进行维护。

（5）包括记录系统失效和适当的紧急措施及纠正措施。

1.6　管 理 体 系 要 求

1.6.1　管理体系内容

实验室应建立、编制、实施和保持管理体系，该管理体系应能支持和证明实验室持续满足实验室体系要求，并且保证实验室结果的质量。实验室管理体系至少应包括管理体系文件、管理体系文件的控制、记录控制、应对风险和机遇的措施、改进、纠正措施、内部审核、管理评审。

1.6.2 管理体系文件

实验室应确定实验室的组织和管理结构、其在母体组织中的位置，以及管理、技术运作和支持服务间的关系。规定对实验室活动结果有影响的所有管理、操作或验证人员的职责、权力和相互关系；将程序形成文件的程度，以确保实验室活动实施的一致性和结果有效性为原则。

检验检测机构应建立和保持控制其管理体系的内部和外部文件的程序，明确文件的标识、批准、发布、变更和废止，防止使用无效、作废的文件。管理体系文件通常包括质量手册、程序文件、作业指导书、质量计划、记录和报告等。

（1）质量手册是阐明组织质量方针、目标、描述其管理体系的文件，是实验室保证检测工作质量的纲领性文件。

（2）程序文件是规定实验室检测工作和质量管理活动或过程的方法和途径的文件，是质量手册的支持性文件。

（3）作业指导书、质量计划是指导某项具体活动或过程的文件，作业指导书如技术标准、检测方法、操作规程等，质量计划如内部审核计划、仪器设备检定/校准计划、人员培训/考核计划、能力验证计划等，它们多是程序文件的补充。

（4）记录是阐明所取得的结果或提供所完成活动证据的文件，包括管理记录和技术记录。管理记录是质量管理体系运行过程中形成的记录，是实验室质量管理体系有效运行的证明，也是采取纠正、预防措施的依据；技术记录则是检测工作形成的检测数据、数据处理的记录，是编制检测报告以及进行数据追溯的客观证据。

（5）报告是检测的最终产品，应准确可靠、清晰、明确、客观地作出检测结论。报告还应包括为说明检测结果所必需的各种检测方法和全部信息。

（6）合同。检验检测机构应建立和保持评审客户要求、标书、合同的程序。对要求、标书、合同的偏离、变更应征得客户同意并通知相关人员。当客户要求出具的检验检测报告或证书中包含对标准或规范的符合性声明（如合格或不合格）时，检验检测机构应有相应的判定规则。若标准或规范不包含判定规则内容，检验检测机构选择的判定规则应与客户沟通并得到同意。

不同层次文件的作用各不相同，上下层次文件间应相互衔接，不能矛盾。上层次文件应附有下层次支持文件的目录，下层次文件应比上层次文件更具体、更可操作。

1.6.3 管理体系文件的控制

实验室应控制与满足体系相关的内部和外部文件。内部文件包括实验室编制和引用的质量手册、程序文件、作业指导书、制度、规范和记录表格等。外部文件包括客户提供的资料、法律法规、认可规则、检测或校准和抽样标准、方法、教科书和图表等。实验室应确定文件控制范围，对内部文件和外部文件进行控制。实验室应确保：

（1）文件发布前由授权人员审查其充分性并批准；

（2）定期审查文件，必要时更新；

（3）识别文件更改和当前修订状态；

（4）在使用地点应可获得适用文件的相关版本，必要时应控制其发放；

（5）对文件进行唯一性标识；

（6）防止误用作废文件，无论出于任何目的而保留的作废文件，应有适当标识。

1.6.4　记录控制

实验室应对记录的标识、存储、保护、备份、归档、检索、保存期和处置实施所需的控制。实验室记录保存期限应符合合同义务。记录的调阅应符合保密承诺，记录应易于获得。实验室应建立和保持记录（档案）管理文件，包括记录的标识、存储、保护、备份、归档、检索、保存期和处置等控制。记录（档案）保存期限应履行合同义务，符合法律法规、法定管理部门、认可管理部门及客户协议等各种合同要求。记录的储存应保证清晰，防止记录损坏、变质和丢失。电子记录（档案）应备份，并防止未经授权的侵入或修改。记录（档案）应易于调阅并符合保密承诺，防止被修改。

1.6.5　应对风险和机遇的措施

检验检测机构应建立和保持在识别出不符合时，采取纠正措施的程序。检验检测机构应通过实施质量方针、质量目标，应用审核结果、数据分析、纠正措施、管理评审、人员建议、风险评估、能力验证和客户反馈等信息来持续改进管理体系的适宜性、充分性和有效性。

检验检测机构应考虑与检验检测活动有关的风险和机遇，以利于：确保管理体系能够实现其预期结果；把握实现目标的机遇；预防或减少检验检测活动中的不利影响和潜在的失败；实现管理体系改进。检验检测机构应策划应对这些风险和机遇的措施以及如何在管理体系中整合并实施这些措施、如何评价这些措施的有效性。

1.6.6　改进

建立和保持管理体系是实验室保持能力、公正性和一致运作的根基，通过实践和时间的推移，技术不断进步、政策不断变化、认知不断提高，实验室的管理体系循环也在不断被激活，其管理体系也在不断向上搭建自己的管理台阶，即实现改进的结果。一方面实验室应建立和保持改进程序或管理制度，策划识别、分析、评估、应对机会、形成制度；另一方面实验室还应组织实施并评价改进活动的有效性。

实验室应针对识别和选择的改进机遇，采取必要的管控措施。这里的改进机遇可以理解为风险和机遇，抓住机遇是实验室快速发展的重要能力。实验室对风险的识别、根本原因分析、风险程度评估以及管控措施进行跟踪评价，再将其整合并在管理体系中实施，就是改进活动；达到提高实验室运作效率和有效性的目的，就是实现改进结果。改进和风险管理密不可分，风险管理就是科学、客观、全面地评估风险的严重程度，提出合适的管控措施，追求不断改进和卓越，避免盲目做出决策的过程。实验室可通过评审操作程序、实施方针、总体目标、审核结果、纠正措施、管理评审、人员建议、风险评估、数据分析和能力验证结果来识别改进机遇。

1.6.7 纠正措施

当发生不符合时，实验室应对不符合项做出应对，采取措施以控制和纠正不符合项。处置后果。通过评审和分析不符合原因等活动确定是否需要采取措施，以消除产生不符合的原因，避免其再次发生或者在其他场合发生。实施所需的措施，评审所采取的纠正措施的有效性。必要时，更新在策划期间确定的风险和机遇，变更管理体系。

实验室应保存记录，作为不符合项采取的措施以及纠正措施的结果的证据。

1.6.8 内部审核

内部管理体系审核（简称内审）是实验室对自身管理体系各个环节组织开展的有计划的、系统的、独立的检查活动，是实验室一种自我约束、自我发现、自我改进和自我完善的重要机制。通过内审检查管理体系要素是否符合准则的要求，检查管理体系运行是否符合体系文件的规定，并通过对实施情况的检查验证质量活动和有关结果是否符合技术标准要求。同时，发现管理体系的不足，以便于改进和完善管理体系。

实验室定期按照管理体系文件的规定，周期性地（通常为一年）开展年度例行内审活动。实验室应制定内审计划并实施，内审计划要求涉及管理体系中全部要素和全部活动以及所有场所和部门，实验室的内审由质量负责人策划和组织实施。内审员须经过培训，具备相应资格。若资源允许，内审员应独立于被审核的活动。检验检测机构应：

（1）依据有关过程的重要性、对检验检测机构产生影响的变化和以往的审核结果，策划、制定、实施和保持审核方案，审核方案包括频次、方法、职责、策划要求和报告。

（2）规定每次审核的审核要求和范围。

（3）选择审核员并实施审核。

（4）确保将审核结果报告给相关管理者。

（5）及时采取适当的纠正和纠正措施。

（6）保留形成文件的信息，作为实施审核方案以及审核结果的证据。

实验室除了进行周期性、全面的内审外，有时还要临时、局部地追加审核或附加审核。当周期内审发现某一要素或某部门（检测场所）存在系统性不符合或重大缺陷问题时，内审组应针对这部分开展追加审核。实验室因下列原因可随时开展附加审核：

（1）实验室与潜在的用户有建立合同意向时应进行内审，内审可以使实验室处于良好的管理状态，有利于合同关系的建立。

（2）实验室的组织机构及职能发生变化时，为证实变化的部分能够达到预期的目的时必须进行内审，内审也可以验证变化的结果。

（3）当不符合项影响到测量结果的有效性和测量能力的可信性时，应进行内审。针对有问题的部分进行检查，以调查问题的原因和可能的结果，并采取相应措施。

（4）需验证纠正/预防措施实施情况及效果时，对纠正/预防措施实施情况进行跟踪审核，以验证纠正/预防措施的实施是否达到预期的效果。

（5）外部审核（复评审、扩项评审等）结束时，针对外审提出的不符合项进行举一反三，必要时开展附加审核，针对管理体系中存在的问题进行内审，有利于管理体系的改进。

1.6.9　管理评审

检验检测机构应建立和保持管理评审的程序。管理评审通常每12个月一次，由实验室最高管理层负责。管理层应确保管理评审后得出的相应变更或改进措施予以实施，确保管理体系的适宜性、充分性和有效性。应保留管理评审的记录。管理评审输入应包括以下信息：

（1）检验检测机构相关的内外部因素的变化。

1）目标的可行性；

2）政策和程序的适用性；

3）以往管理评审所采取措施的情况；

4）近期内部审核的结果；

5）纠正措施；

6）由外部机构进行的评审；

7）工作量和工作类型的变化或检验检测机构活动范围的变化；

8）客户和员工的反馈；

9）投诉；

10）实施改进的有效性；

11）资源配备的合理性；

12）风险识别的可控性；

13）结果质量的保障性；

14）其他相关因素，如监督活动和培训。

（2）管理评审输出应包括以下内容：

1）管理体系及其过程的有效性；

2）符合体系标准要求的改进；

3）提供所需的资源；

4）变更的需求。

管理评审后作出的决定和评价是管理评审的输出，包括对现有质量体系（包含质量方针和质量目标）的适宜性、充分性、有效性、效率的评价和对检测工作符合要求的评价，以及对质量体系及其过程的改进、与客户要求有关的检测工作质量和服务质量的改进、质量体系所需资源的改善等。

评审的结果应输入到实验室的下一年计划系统，并包括目标、任务和活动计划。质量负责人应根据管理评审记录编写管理评审报告，经最高管理者审批签发，下发至有关部门。

2 人 员 要 求

GB 26861—2011《电力安全工作规程 高压试验室部分》规定：进行高压试验时，试验人员不应少于 2 人。高压试验室技术负责人应由从事高压试验工作 5 年以上，并具有工程师及以上职称的人员担任。试验负责人应由从事高压试验工作 2 年以上，并具有助理工程师及以上职称人员或技术熟练的高压试验人员担任。

试验检测人员应具备与电网物资检测相关的资格证书、培训、经验和专业知识。试验检测人员应具备电网物资制造技术的相关知识，以及所检测产品实际的运行条件和运行方式的知识，了解产品在实际使用或运行过程中可能出现的缺陷及危害程度。

试验检测人员在独立开展检测工作前应经过相关的培训、考核以及在专业人员指导下的实习检测，通过考核后方可进行试验。培训应包括但不限于以下内容：

（1）电力基础知识；

（2）安全生产法律法规；

（3）企业安全生产制度；

（4）需开展试验项目的方法及步骤；

（5）试验设备工作原理；

（6）现场安全防护与急救方法。

3 安全防护要求

3.1 基本安全要求

新参加高压试验的实习人员应在有经验的高压试验人员监护下参加指定的高压试验工作，不应担任工作负责人和监护人；对外来的参加试验人员，应进行现场安全工作培训和技术交底。试验室应设立专职或兼职安全员，负责监督检查有关安全规程、安全制度的贯彻执行。

高压试验室内应采用安全遮栏围成符合 GB/T 16927.1《高电压试验技术 第 1 部分：一般定义及试验要求》临近效应影响要求的试区，试区内不应堆放杂物。在不影响安全的前提下，试区也可采用专用隔离带围成。高压试验室应保持光线充足、门窗严密、通风设施完备；室内宜留有符合要求、标志清晰的通道。试验室周围应有消防通道，并保证畅通。高压试验室宜配备相应的安全工器具，防毒、防射线、防烫伤的防护用品以及防爆和消防安全设施，还配备应急照明电源。

重要的仪器和弱电设备应装设防止放电反击和感应电压的保护装置或采取其他安全措施。

3.2 安全试验区域

安全试验区域的划分是为了保证试验能安全正常进行，因此必须符合试验技术标准、试验操作规程所要求的安全距离（高压带电部件至遮栏等接地体之间的距离），试验安全距离应大于表 1-3-1 和表 1-3-2 中的数值。

表 1-3-1 交流（有效值）和直流（最大值）试验安全距离

试验电压（kV）	50	100	200	500	750	1000	1500
安全距离（m）	1.5	1.5	1.5	3.0	4.5	7.2	13.2

表 1-3-1 中，最小安全距离不小于 1.5m。适用于海拔不高于 1000m 的地区，对用于海拔高于 1000m 的地区，按 GB/T 311.1《绝缘配合 第 1 部分：定义、原则和规则》有关海拔修正的规定进行修正。

表 1-3-2 冲击试验（峰值）安全距离

试验电压（kV）		250	500	1000	1500	2000	3000	4000
安全距离（m）	操作冲击	3.0	3.0	7.2	13.2	16.0	30.0	—
	雷电冲击	3.0	3.0	7.2	12.5	14.0	18.0	22.0

表 1-3-2 中，最小安全距离不小于 3.0m。适用于海拔不高于 1000m 的地区，对用于

海拔高于 1000m 的地区，按 GB/T 311.1《绝缘配合 第 1 部分：定义、原则和规则》有关海拔修正规定进行修正。

安全试验区域必须用遮栏、安全绳等围住，并以明显文字标志警示。对高压试验区域还应在可见的地方安装红色警示灯。当试验场内有多个试验同时进行时，必须划定各自的安全区域，且各试验区域间应留有安全通道。

3.3 接地与接地放电

3.3.1 接地

高压试验设备的接地端和试品接地端或外壳应良好接地，接地线应采用多股编织裸铜线或外覆透明绝缘层的铜质软绞线或铜带，接地线截面积应能满足试验要求，但不应小于 $4mm^2$。动力配电装置上所用的接地线的截面积不应小于 $25mm^2$。

接地线与接地系统的连接应采用螺栓连接在固定的接地桩（带）上，接地线长度应尽可能短且明显可见。不应将接地线接在水管、暖气片和低压电气回路的中性点上。

进行高压试验时，试验设备附近的其他仪器设备应短接并可靠接地。试验室闲置的电容设备应短路接地。

3.3.2 接地放电

对高压试验设备和试品放电应使用接地棒，绝缘长度按安全作业的要求选择，但最小总长度不应小于 1m，其中绝缘部分的长度为 0.7m。

对高压试验设备及试品在高压试验前、试验后的放电，应先将接地棒的接地线可靠地连接在接地桩（带）上，再用接地棒接触高压试验设备及试品的高压端进行接地放电。

变更冲击电压发生器波头和波尾电阻前，应对电容器及充电电路逐级短路接地放电或启动短路接地装置。

3.4 高压试验工作的开始、间断与结束

3.4.1 高压试验开始前的准备

试验开始前，试验负责人向全体试验人员详细布置试验任务和安全措施，并进行如下检查：

（1）安全措施是否已完备；

（2）试验设备、试品及试验接线是否正确；

（3）表计倍率、调压器零位及测量系统的开始状态；

（4）试验设备高压端和试品加压端接地线是否已拆除；

（5）所有人员是否已全部退离试区，转移到安全地带；

（6）试区遮栏门是否已关上。

一切检查无误后方可开始试验升压。

3.4.2 高压试验升压

由试验负责人下令加压，操作人员应复诵"准备升压"并鸣铃示警，然后操作电源开关合上电源，按试验要求规定的升压速率升高电压到规定的试验电压值。升压过程中应有人监护并呼唱，并有专人监视试验设备及试品。

在升压过程中，若发现异常情况，应立即停止试验，迅速将电压降至零，断开电源。试验遇到恶劣气象条件，应评估对人身和设备的影响，必要时应中止试验。

3.4.3 高压试验间断和结束

试验人员将电压降至零，断开电源后，试验人员进入试区按要求对高压试验设备和试品进行接地放电。放电后将接地棒挂在高压端，保持接地状态，再次试验前取下。此时，才能视为一次高压试验结束或试验间断。试验人员应在试验间断或结束状态更换试品、更改接线或检查试验异常原因。

再一次试验或恢复试验时，应重新检查试验接线和安全措施。

3.4.4 绝缘工器具使用规范

绝缘手套、绝缘靴和接地棒等必须贴有试验合格标签。使用绝缘工器具前，必须检查绝缘工器具的完好性。如：绝缘手套、绝缘靴和接地棒表面是否受潮；绝缘手套、绝缘靴是否有破损；接地棒的接地线是否与地网牢固连接等。在使用接地棒接地时，必须首先切断高压试验设备电源。放电后将接地棒挂在高压端，保持接地状态，待再次试验时取下。即便试验设备自动接地后，也要将接地棒挂在高压端，以确保接地安全。

3.5 人 员 防 护

进行温升试验时，在切断电源后需要打开短路接线测量绕组电阻时，应佩戴防烫伤的防护手套。

进行绝缘液试验时，应佩戴耐油的防护手套。

在进行危化品作业时，应严格遵守操作规程，配备专用的劳动防护用品或器具。严禁直接接触物品，不准在使用场所饮食。工作结束后必须更换工作服、清洗后方可离开作业场所。在有毒物品场所，应备有一定数量的应急解毒药品。

实验室外来人员必须遵守实验室的安全管理规定，未经允许不准进入试验区域，不准在实验室拍照。试验时，外来人员不准进入操作控制室，应在安全区域休息等候。若因研究项目需要进入操作控制室时，绝不允许操作控制台。外来协作人员（起重、装配、维修）必须经安全通道进出各自工作点，不准进入其他区域。

进行电磁兼容试验项目时，电波暗室周围应设置围栏以禁止人员进入。试验区域导线与地线回路应布置整洁清晰，避免传导骚扰。

按抗扰度试验和骚扰试验分类，干扰施加的途径有两种：一种为电源线的耦合干扰，干扰信号沿电源线路传播；另一种为空间干扰，空间干扰的项目在电波暗室中进行，试验过程中人员不能进入现场。

3.6　其他安全措施

3.6.1　试品起吊和搬运

试品起吊除应严格执行起重操作规程和要求外，试品起吊和搬运时还应做到：

1）起吊、搬运大型试品或精密试验设备应由专人负责指挥，参加工作的人员应熟悉起吊搬运方案和安全措施。起吊现场作业人员应戴安全帽。

2）起吊工作开始前，应检查工具、机具及绳索质量是否良好，不符合要求者严禁使用。

3）起重试品应绑牢，起吊点应在被吊物品的垂直上方。起吊重物稍一离地或支持物，应再次检查悬吊及捆绑情况，确认可靠及吊绳不会损坏试品后方可继续起吊。

4）工作人员不应随起吊物升降；起重机正在吊物时，任何人员不应在吊物下停留或行走。

3.6.2　高空作业

高空作业具有一定的危险性，参加高空作业持证培训必须本人自愿，否则不允许参加；有恐高症、心脏病、高血压以及其他身体条件不适合登高作业的，不允许持证。

高空作业（2m及以上的作业）时必须系安全带、戴安全帽，地面协作人员必须戴安全帽。在架梯上作业时，地面必须有人保持架梯稳定。高空作业人员必须管理好工具和零部件，防止坠落，必要时可将工具用绳索系于腰间。高空作业严禁上下抛接工具和零部件，必须用绳索传递。

3.6.3　消防与防护

高压试验室的消防设施应符合消防规定及要求，应设置灭火设施和灭火器。遇有电气设备着火时，试验人员应迅速切断电源，之后立即进行救火，必要时应及时拨打119报警。

4 环境保护要求

4.1 废弃物管理

试验室应建立程序以确保试验室废弃物的安全收集、识别、存储和处置。所有试验废弃物的收集、标识、储存和处置应按国家及地方法规进行。应对所有处理试验废弃物的人员进行充分的培训，培训内容包括熟悉废弃物类别、废弃物处理程序、处置废弃物的特定设施及安全防护措施。

收集试验废弃物时宜使其对试验室工作人员、废弃物收集人员以及对环境可能存在的危害降至最小。收集废弃物后，应将化学废弃物清楚标识、分类并储存在贴标签的容器内。

宜设置专门的收集区来储存处理前的试验废弃物。应指定一名责任人负责管理废弃物，确保废弃物的安全储存，并监督分包的废弃物处理商的收集程序是否正确。

试验废弃物的处理应遵守国家有关法律法规和适用的国家标准的要求，还可咨询产品供应商、环卫公司或废弃物处理公司提供的信息和意见。

4.2 危化品管理与防护

危化品采购必须严格执行审批制度，购买前需填写采购申请表，任何单位和个人不得擅自购买。

实验室必须建立严格的出入库管理制度。出入库前均应按合同进行检查验收，验收内容包括品名、数量、包装及标签、危险标志等，经核对后方可出入库。入库时做好登记，登记内容包括品名、数量、供货单位、采购人、入库人、入库时间、失效时间等。

存放危化品的库房须配备双把锁，钥匙由两人分别保管。库管员应熟知危化品的安全技术说明书内容，如实记录储存的危化品的数量、流向，并采取必要的安全防范措施，防止其丢失或者被盗。

危化品入库后应采取适当的养护措施，在储存期内定期检查。若发现其品质变化、包装破损、渗漏、稳定剂短缺等，应及时处理。

领取危化品时须由实验室负责人审批通过，要求两人同行，同时对等交回使用过的危化品包装物、器皿等（即交旧领新）。

库管员做好危化品出入库记录，记录应包括品种、规格、发放日期、退回日期、领取单位、领用人、数量以及结存数量；发放国家管控危化品时还应记载用途。记录保存期限不少于 3 年。

实验室应建立并如实填写领用记录，内容包括品名、规格、领用日期、领用单位、领用人、数量、退回日期等。

使用部门须指定专人负责部门实验室危险废物的收集、处置工作。根据危险废物的产生情况，委托专业单位进行危险废物的转运和处置。

危化品、危险废物储存时间不得超过一年。对实验室危险废物及销毁的危化品要做好记录，应每年统计一次并由部门负责人签字确认。

5 数据管理及信息化

5.1 概　　述

试验室可根据自身需求建立试验室信息管理系统（laboratory information management system，LIMS）。它是由计算机硬件和应用软件组成，能够完成实验室数据和信息的收集、分析、报告和管理。LIMS 基于计算机局域网，专门针对一个实验室的整体环境而设计，是一个包括了信号采集设备、数据通信软件、数据库管理软件在内的高效集成系统。它以实验室为中心，将实验室的业务流程、环境、人员仪器设备、标物标液、化学试剂、标准方法、图书资料、文件记录、科研管理项目管理、客户管理等因素进行有机结合。

5.2 基　本　要　求

推荐按照 GB/T 40343—2021《智能实验室　信息管理系统　功能要求》中要求建立 LIMS。通过管理试验室活动产生的数据，规范试验室工作流的执行。LIMS 针对试验室的整体工作和环境而设计，将试验室的工作流与人员、设备（包括标准物质、试剂、消耗品、软件等）、样品、方法、环境、管理体系等因素进行配置与系统管理。

LIMS 的软件结构通常分为三层：展示层通过客户端程序（C/S）、网页（B/S）和移动应用程序实现用户与系统的交互功能；业务层实现系统业务逻辑和业务规则的处理功能，一般通过封装接口方式为展示层提供服务；数据层实现对系统数据及文档的操作管理功能，通过接口方式与业务层实现数据交互。

5.3 LIMS 的功能设置

5.3.1　核心功能

LIMS 的核心功能包括试验过程管理和资源管理，试验过程管理应包括任务登记、任务分配、数据获取、数据处理、数据审核、报告生成，资源管理应包括人员管理、设备管理、样品管理、方法管理、设施和环境管理。

5.3.2　扩展功能

LIMS 的扩展功能应包括体系文件管理、质量控制管理、质量记录管理、风险管理。LIMS 宜具有智能体系文件管理的功能，包括但不限于：

（1）具有查询、阅读和发放体系文件等功能。

（2）将体系受控文件信息化的要求，如程序文件、作业指导书等文件信息化，提供输入输出等操作功能，实现体系文件编制、审核、发放、修改和废止等流程智能化。

（3）将体系受控文件与实验室岗位授权相关联，能根据岗位授权自动或手动获取所需要的受控体系文件。受控文件的使用者能根据实际需要发起文件的修改，通过修改文件审批流程后自动产生更新后的受控文件。

（4）对体系受控文件之间的逻辑关系进行设置，自动识别文件的相关性和有效性，当对某个文件进行修改或废止时，能提示对其相关的文件进行修改或废止，并能通知到受影响的相关方。

LIMS宜具有对质量控制计划实施智能化管理功能，包括但不限于：

（1）按预设条件（频率及覆盖率等）自动生成质量控制计划，并可进行人工干预。

（2）按预设的质量控制方式和结果判定规则，对质量控制计划的执行结果自动评价。发现结果不满意时应发出提醒，必要时提供人工干预功能，同时将相关信息写入系统日志。

（3）自动获取或人工上传与质量控制相关的原始记录。

（4）当质量控制计划未被执行时，向相关部门或人员发出提醒。

（5）输出质量控制工作报表。

LIMS的智能质量记录管理功能包括但不限于：

（1）具有对质量体系运行记录进行管理的功能。

（2）按照权限，将质量计划向不同层级传送，计划的执行记录能按照权限通过向上传送并完成审批和归档。

对检定/校准、期间核查的周期和再次校准的预定日期，LIMS应根据设定的提前量、频次进行提醒，自动发起工作流程并通知相关负责人，实现提前预警、防止遗漏的作用。适用时，仪器设备的说明书、使用指导、验收报告、维保合同等应作为附件上传保存。

LIMS应记录版本号、对硬件及运行环境的要求、版本更新记录，适用时应对数据进行备份。

LIMS宜备对实验室仪器设备和设施开展预测性维护（预测性维护也称为预见性维护、基于状态的维护等）的功能，包括但不限于：

（1）该功能通过对仪器设备和设施的状态监测，获得其运行状态的监测数据，通过阈值分析、参数对比等智能算法和模型，对其未来的健康状态进行预测。

（2）根据预测结果提供推荐性的维护和保养方案，供设备运维人员参考。

（3）根据需求与成本综合考虑，对设备运行状态进行监测，提供设备状态判别、故障预警等功能。

5.3.3 通信功能

当试验室仪器设备具备接口时，应具备与仪器设备进行数据通信的功能、与试验室内部或外部系统进行数据通信的功能；提供完善的信息安全机制，保障数据安全性；提供有效监控机制，接口运行情况可监控；应具备与国家电网公司新一代电子商务平台（ECP 2.0）应用集成的通信功能。

5.3.4　系统管理功能

LIMS 的管理功能应包括用户管理、权限控制、系统安全、系统设置。

6 数值处理基础

6.1 有效数字和数值修约

6.1.1 有效数字

有效数字是指在实验室测试中实际能够测试到的数字。所谓能够测试到的是包括最后一位估计的不确定的数字。把通过直读获得的准确数字叫作可靠数字，把通过估读得到的那部分数字叫作存疑数字，把测试结果中能够反映被测试量大小的带有一位存疑数字的全部数字叫作有效数字。有效数字就是指在实验室测试中能得到的有实际意义的数字，即在一个近似数中，除最后一位是不甚确定的外，其他各数都是确定的。有效数字用于表示连续物理量的测定结果，指测试中实际能得到的数字，即表示数字的有效意义。它不仅表明了数量的大小，也反映了检测方法和检测仪器的准确程度。在记录数据和计算结果时，所保留的有效数字中只有最后一位是可疑数字。

有效位数是指几位有效数字。对没有小数位且以若干零结尾的数值，从非零数字最左一位向右数得到的位数减去无效零（即仅为定位用的零）的个数。例如：$350×10^2$ 为 3 位有效位数，有 2 个无效零；$35×10^3$ 为 2 位有效位数，有 3 个无效零。对其他十进位数，从非零数字最左一位向右数而得到的位数，就是有效位数。例如：3.2、0.32、0.032、0.0032均为 2 位有效位数；0.0320 为 3 位有效位数。

测量结果及其不确定度的数值表示中不可给出过多的位数。通常不确定度最多保留两位有效数字，测量结果的位数与不确定度位数相同。

6.1.2 数值修约

数值修约是指通过省略原数值的最后若干位数字，调整所保留的末尾数字，使最后所得到的数值最接近原数值的过程。国家标准 GB/T 8170 规定了修约方法、等效数字长度以及修约的基本位数等。修约方法遵循近似、少、多的原则，采取舍入法或截尾法进行修约。

6.1.2.1 修约间隔

修约间隔是修约值的最小数值单位。修约间隔的数值一经确定，修约值即应为该数值的整数倍。

如指定修约间隔为 0.1，修约值即应在 0.1 的整数倍中选取，相当于将数值修约到一位小数。如指定修约间隔为 100，修约值即应在 100 的整数倍中选取，相当于将数值修约到百数位。

以 0.2 级互感器准确度试验为例，修约间隔为 0.02%，修约值即应在 0.02% 的整数倍中选取。

0.5 单位修约（半个单位修约）是指修约间隔为指定数位的 0.5 单位，即修约到指定数位的 0.5 单位。例如，将 60.28 修约到个数位的 0.5 单位，得 60.5。

0.2 单位修约是指修约间隔为指定数位的 0.2 单位，即修约到指定数位的 0.2 单位。例如，将 832 修约到百数位的 0.2 单位，得 840。

6.1.2.2 进舍规则

拟舍弃数字的最左一位数字小于 5 时，则舍去，即保留的各位数字不变。例如将 12.1498 修约到一位小数，得 12.1。例如将 12.1498 修约成两位有效位数，得 12。

拟舍弃数字的最左一位数字大于 5 或者是 5 时，则进 1，即保留的末位数字加 1。例如将 1268 修约到百数位，得 13×10^2（可写为 1300）。例如将 1268 修约成 3 位有效位数，得 127×10（可写为 1270）。

拟舍弃数字的最左一位数字是 5，且其后跟有并非全部为 0 的数字时，则进 1，即保留的末位数字加 1。例如将 10.5002 修约到个数位，得 11。

拟舍弃数字的最左一位数字为 5，而右面无数字或皆为 0 时，若所保留的末位数字为奇数（1，3，5，7，9）则进 1，为偶数（2，4，6，8，0）则舍去。例如修约间隔为 0.1，拟修约数值 1.050，修约值 1.05。拟修约数值 0.350，修约值 0.4。

负数修约时，先将它的绝对值按上述规定进行修约，然后在所得值前面加上负号。例如修约到三位小数，即修约间隔为 10^{-3}，拟修约数值 −0.0365，修约值 -36×10^{-3}。

拟修约数字应在确定修约位数后一次修约获得结果，而不得多次连续修约。例如修约 15.4546，修约间隔为 1，正确的做法 15.4546→15。不正确的做法：15.4546→15.455→15.46→15.5→16。

6.1.2.3 0.5 单位修约与 0.2 单位修约

0.5 单位修约是将拟修约数值乘以 2，按指定数位依规则修约，所得数值再除以 2。例如表 1-6-1 是将数字修约到个数位的 0.5 单位（或修约间隔为 0.5）示例。

表 1-6-1　0.5 单位修约示例

拟修约数值 （A）	乘 2 （2A）	2A 修约值 （修约间隔为 1）	A 修约值 （修约间隔为 0.5）
60.25	120.50	120	60.0
60.38	120.76	121	60.5
−60.75	−121.50	−122	−61.0

0.2 单位修约是将拟修约数值乘以 5，按指定数位依规则修约，所得数值再除以 5。例如表 1-6-2 是将数字修约到百数位的 0.2 单位（或修约间隔为 20）示例。

表 1-6-2　0.2 单位修约示例

拟修约数值 （A）	乘 5 （5A）	5A 修约值 （修约间隔为 100）	A 修约值 （修约间隔为 20）
830	4150	4200	840
842	4210	4200	840
−930	−4650	−4600	−920

6.2　试验结果不确定度评定

6.2.1　试验误差来源

在描述测量的误差方法中，认为真值是唯一的、未知的。由于真值不能确定，实际上用的是约定真值。测量的目的是要确定尽可能接近该单一真值的量值。通常，测量的不完善使得测量结果存在误差。传统上认为误差有两类分量，即随机误差分量和系统误差分量。

随机误差是由于在测定过程中，一系列的有关因素微小的随机波动而形成的具有相互抵偿性的误差。它决定了测定结果的精密度。在一次测定中，随机误差的大小及其符号是无法预知的，没有任何规律性，但在多次测定中随机误差的出现还是有规律的，它具有统计规律性。

由于随机误差有大有小、时正时负，随着测定次数的增加，正、负误差相互抵偿，误差平均值趋向于零。因此，多次测定平均值的随机误差比单次测定值的随机误差小。由于随机误差的形成取决于测定过程中一系列随机因素，这些随机因素是实验者无法严格控制的，因此随机误差一般是不可避免的。分析工作者可以设法将它大大减小，但不可能完全消除它。

系统误差是指在一定试验条件下，由某个或某些因素按照某一确定的规律起作用而形成的误差。它决定了测定结果的准确度。系统误差的大小及其符号在同一试验中是恒定的，或在试验条件改变时按照某一确定的规律变化。重复测定不能发现和减小系统误差，只有改变试验条件才能发现系统误差。一旦发现了系统误差产生的原因，是可以设法避免和校正的。例如，用零点未调整好的天平称量物体，称量结果会偏高或偏低，多次重复称量无法发现称量结果偏高或偏低这一事实，只有在重新将天平的零点调整好之后再去称量，才能发现原先称量中的系统误差，才知道原先的称量结果究竟是偏高了还是偏低了。一旦知道了系统误差的大小及其符号，就可以对原先称量结果进行校正。系统误差又称为恒定误差或可测误差，是在相同条件下对一已知量的待测物进行多次测定，测定值总是向着一个方向，也就是说测定值总是高于真实值或总是低于真实值。误差的绝对值或正负符号保持恒定，但在改变条件时可按某一确定规律变化。实验条件一经确定，系统误差就获得了一个客观上的恒定值。若改变条件，则系统误差可随之变化。

在分析测试中，引起系统误差的原因是多方面的，对分析方法和步骤的误差要做具体分析。一般来说，系统误差来源于所使用的仪器和材料、操作者个人的因素和方法本身的误差等三个方面。

6.2.2 测量不确定度概论

6.2.2.1 表示测量不确定度的意义

测量结果的不确定度反映了对被测量的值缺乏精确的认识。对已识别的系统影响进行修正后的测量结果仍然只是被测量的估计值，因为还存在由随机影响引起的不确定度和由于对系统影响修正不完全而引入的不确定度。当报告测量结果时，必须对其质量作出定量的说明，以确定测量结果的可信程度。测量不确定度就是对测量结果质量的定量表示，测量结果的可用性在很大程度上取决于其不确定度的大小。

我国国家计量技术规范 JJF 1059.1—2012《测量不确定度评定与表示》规定的是测量中评定与表示不确定度的一种通用规则，它适用于各种准确度等级的测量，而不仅限于计量检定、校准和检测。其主要应用在以下领域：

（1）建立国家计量基准、计量标准及其国际比对；

（2）标准物质、标准参考数据；

（3）测量方法、检定规程、校准规范等；

（4）科学研究及工程领域的测量；

（5）计量认证、计量确认、质量认证及实验室认可；

（6）测量仪器的校准和检定；

（7）生产过程的质量保证及产品的检验和测试；

（8）贸易结算、医疗卫生、安全防护、环境监测及资源测量。

测量过程中引起不确定度的原因可能有以下几个方面：

（1）对被测量的定义不完整或不完善；

（2）实现被测量定义的方法不理想；

（3）取样的代表性不够，即被测量的样本不能完全代表所定义的被测量；

（4）对测量过程受环境影响的认识不周全，或对环境条件的测量和控制不完善；

（5）对模拟式仪器的读数存在人为偏差；

（6）测量仪器的计量性能有局限性；

（7）赋予计量标准的值或标准物质的值不准确；

（8）引用的数据或其他参量的不确定度；

（9）与测量方法和测量程序有关的近似性和假定性；

（10）在表面上看来完全相同的条件下，被测量重复观测值的变化。

测量不确定度一般来源于随机性和模糊性，前者归因于条件不充分，后者归因于事物本身概念不明确。因此，测量不确定度一般由许多分量构成，其中一部分分量具有统计性，另一些分量具有非统计性，它们都对测量结果的不确定度有贡献。正是这些测量不确定度来源的综合影响，使测量结果的可能值服从某种概率分布，可以用概率分布的标准差来表示测量不确定度，称为标准不确定度，它表示测量结果的分散程度，也可以用包含概率的区间半宽度来表示测量不确定度。

6.2.2.2 测量误差与测量不确定度的区别

测量误差与测量不确定度是两个非常重要的概念，它们直接关系到测量结果的准确可靠程度。不确定度的概念是误差理论的应用与拓展，而误差理论则是不确定度的理论基础。

误差多数情况下是指测量误差，它的传统定义是测量结果与被测量真值之差通常，可分为系统误差和偶然误差。误差是客观存在的，它应该是一个确定的值，但由于在绝大多数情况下真值是不知道的，所以也无法准确知道真误差。只是在特定的条件下寻求最佳的真值近似值，并称之为约定真值。测量不确定度表征被测量的真值所处量值范围的评定。它按某一置信概率给出真值可能落入的区间，它可以是标准差或其倍数，或是说明了包含概率的区间半宽度。它不是具体的真误差，它只是以参数形式定量表示了无法修正的那部分误差范围。它来源于偶然效应和系统效应的不完善修正，是用于表征合理赋予的被测量值的分散性参数。不确定度按其获得方法分为 A、B 两类评定分量；A 类评定分量是通过测量数据统计分析做出的不确定度评定；B 类评定分量是依据经验或其他信息进行估计，并假定存在近似的标准偏差所表征的不确定度分量。

为了便于理解测量误差与测量不确定度的内涵，表 1-6-3 给出了测量误差与测量不确定度的比较。

表 1-6-3　测量误差与测量不确定度的区别

序号	内容	测量误差	测量不确定度
1	定义	测得的量值减去参考的量值，表明测量结果偏离真值的程度	表征赋予被测量值分散性的非负参数，表明被测量值的分散性
2	分类	根据误差的性质及其产生的原因分为随机误差和系统误差	按其评定的方法分为 A 类评定和 B 类评定，以标准测量不确定度表示
3	可操作性	以参考量值为依据，进行准确度试验，需进行无限多次测试，实际上真值是不确定的	可以根据实验、资料、经验等信息进行评定，从而可以定量操作
4	正负符号	非正即负（或零），不能用"±"表示	是一个无符号的参数，恒取正值。当用方差计算时，取其正平方根
5	结果修正	已知系统误差的估计值时，可以对测试结果进行校正，得到已修正的测试结果	由于测量不确定度表示一个区间，因此不能用测量不确定度对测试结果进行校正。对已修正的测试结果进行不确定度评定时，应考虑修正不完善引入的不确定度分量
6	结果说明	误差是客观存在的，不以人的认识程度而转移。误差属于给定的测试结果，而与得到的该测试结果的测试仪器和测试方法无关	测量不确定度与人们对被测量、影响量以及测试过程的认识有关，因此测量不确定度主要与测试仪器和测试方法有关

序号	内容	测量误差	测量不确定度
7	同一测试	对同一（类型）被测量不同的测试，其结果的误差也不相同，但测试误差属于同一分布	对同一（类型）被测量不同的测试，只要测试条件不变，则它们的不确定度相同
8	自由度	不存在	可作为不确定度评定的可靠程度的指标
9	包含概率	不存在	当了解分布时，可按包含概率给出包含区间

6.2.3　测量不确定度评定过程

6.2.3.1　评定测量不确定度的方法

JJF 1059.1—2012《测量不确定度评定与表示》中关于测量不确定度评定的方法是采用国际标准 ISO/IEC Guide 98-3：2008《测量不确定度表指南》所规定的方法，《测量不确定度表示指南》的原文"Guide to the Uncertainty in Measurement"，缩写为 GUM，称其为 GUM 法。GUM 法是采用不确定度传播率得到被测量估计值的测量不确定度的方法。

GUM 法评定测量不确定度的流程如下：

（1）明确被测量的定义。

（2）明确测量方法、测量条件以及所用的测量标准、测量仪器或测量系统。

（3）建立被测量的测量模型，分析对测量结果有明显影响的不确定度来源。

（4）评定各输入量的标准不确定度。

（5）计算合成不确定度。

（6）确定扩展不确定度。

（7）报告测量结果。

测量不确定度一般由若干分量组成，每个分量用其概率分布的标准偏差估计值表征，称标准不确定度。用标准不确定度表示的各分量用 u_i 表示。

测量不确定度按其评定方法分为 A 类评定和 B 类评定。根据对被测量的一系列测得值 x_i 得到实验标准偏差的方法为 A 类评定，根据有关信息估计的先验概率分布得到标准偏差估计值的方法为 B 类评定。

在识别不确定度来源后，对不确定度各个分量做预估是必要的，测量不确定度评定的重点应放在识别并评定那些重要的、占支配地位的分量上。

6.2.3.2　测量不确定度来源

在实际测量中有许多可能导致测量不确定度的来源，主要包括：

（1）被测量的定义不完整。

（2）被测量定义的复现不理想。

（3）取样的代表性不够，即被测样本可能不完全代表所定义的被测量。

（4）对测量受环境条件的影响认识不足或对环境条件的测量不完善。

（5）操作模拟式仪器的人员读数偏移。

（6）测量仪器的计量性能（如最大允许误差、灵敏度、鉴别力、分辨力、死区及稳定性等）的局限性会导致仪器的不确定度。

（7）测量标准或标准物质提供的标准值不准确。

（8）引入的常数或其他参考值不准确。

（9）测量方法和测量程序中的近似和假设。

（10）在相同条件下被测量重复观测值的变化。

测量不确定度的来源必须根据实际测量情况进行具体分析，影响测量结果不确定的因素通常包括测量仪器、测量环境、测量人员、测量方法、试剂或易耗品参考标准或标准物质、抽样的代表性等，特别要注意对测量结果影响较大的不确定度来源，应尽量做到不遗漏、不重复。

修正仅仅是对系统误差的补偿，修正值是具有不确定度的。在评定已修正的被测量的估计值的测量不确定度时，要考虑修正引入的不确定度。只有在修正值的不确定度较小，且对合成标准不确定度的贡献可以忽略不计的情况下，才可不予考虑。

测试中的失误或突发因素不属于测量不确定度的来源，在测量不确定度评定中应删除测得值的离群值（异常值）。离群值的删除应通过对数据的适当检验后进行。离群值的判断和处理方法参照 GB/T 4883—2008《数据的统计处理和解释正态样本离群值的判断和处理》。

6.2.3.3 测量模型的建立

测量中，当被测量（即输出量）Y 由 N 个其他量（即输入量）X_1，X_2，$\cdots$，X_N，通过测量函数 f 来确定时，则式（1-6-1）称为测量模型：

$$Y = f(X_1, X_2, \cdots, X_N) \tag{1-6-1}$$

输出量 Y 的每个输入量 X_1，X_2，$\cdots$，X_N 本身也可作为被测量，也可取决于其他量，甚至包括修正值或修正因子，所以可能导出一个十分复杂的函数关系，甚至测量函数 f 不能用显式表示出来。

物理量的测量模型一般根据物理原理确定。非物理量或在不能用物理原理确定的情况下，测量模型也可用实验方法确定，或仅以数值方程给出，在可能情况下，尽可能采用按长期积累的数据建立的经验模型。用核查标准和控制图的方法表明测量过程始终处于统计控制状态时，有助于测量模型的建立。

测量模型中的输入量有：

（1）由当前直接测得的量。这些量值及其不确定度可以由单次观测、重复观测或根据经验估计得到，并可包含对测量仪器读数的修正值和对诸如环境温度、大气压力、湿度等影响量的修正值。

（2）由外部来源引入的量。如已校准的计量标准或有证标准物质的量，以及由手册查得的参考数据等。

6.2.3.4 标准不确定度的 A 类评定

标准不确定度的 A 类评定是对由重复性测量引起的不确定度分量进行评定。

对于被测量 X，在重复性条件下进行 n 次独立重复观测，观测值为 x_i（$i=1, 2, 3, \cdots, n$），算术平均值 $\bar{x}$ 按式（1-6-2）计算：

$$\bar{x} = \frac{1}{n}\sum_{i=1}^{n} x_i \tag{1-6-2}$$

$s(x_i)$ 为单次测量的实验标准差，由贝塞尔公式计算得到：

$$s(x_i) = \sqrt{\frac{\sum_{i=1}^{n}(x_i - \bar{x})^2}{n-1}} \tag{1-6-3}$$

$s(\bar{x})$ 为平均值的实验标准差，计算式为：

$$s(\bar{x}) = \frac{s(x_i)}{\sqrt{n}} \tag{1-6-4}$$

在某物理量的观测值中，若系统误差已消除或忽略不计，只存在随机误差，则观测值散布在其期望值附近。当取若干组观测值，它们各自的平均值也散布在期望值附近，但比单个观测值更靠近期望值。也就是说，多次测量的平均值比一次测量值更准确，随着测量次数的增多，平均值收敛于期望值。因此，通常以样本的算术平均值作为被测量值的 $s(x)$ 估计（即测量结果），以平均值的实验标准差 $s(\bar{x})$ 作为测量结果的标准不确定度，即 A 类标准不确定度，按式（1-6-5）计算：

$$u(\bar{x}) = \frac{s(x_i)}{\sqrt{n}} \tag{1-6-5}$$

观测次数 n 充分多，才能使 A 类不确定度的评定可靠，一般认为 n 应大于 6。但也要视实际情况而定，当该 A 类不确定度分量对合成标准不确定度的贡献较大时，n 不宜太小；反之，当该 A 类不确定度分量对合成标准不确定度的贡献较小时，n 小一些也可以。

6.2.3.5 标准不确定度的 B 类评定

标准不确定度 B 类评定流程如图 1-6-1 所示。

（1）根据有关信息或经验，判断被测量的可能值区间（$-a$, a）。

（2）假设被测量值的概率分布。

（3）根据概率分布和要取的置信水平 p 估计置信因子 k（见表 1-6-4 和表 1-6-5），则 B 类不确定度按式（1-6-6）计算：

$$u_B(x) = \frac{a}{k} \tag{1-6-6}$$

式中：

a ——置信区间半宽；

k ——对应于置信水准的包含因子。

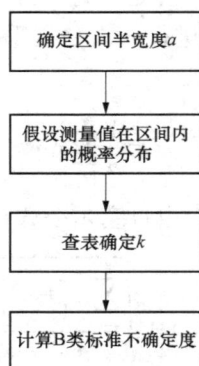

图 1-6-1 标准不确定度 B 类评定流程

表 1-6-4 常见概率分布的置信因子 k

概率分布	置信因子
三角分布	$\sqrt{6}$
均匀分布	$\sqrt{3}$
反正弦分布	$\sqrt{2}$
两点分布	1
梯形分布	$\sqrt{6}/(1+\beta^2)$，$\beta \leqslant 1$ 为梯形上底与下底之比
正态分布	根据置信概率 p 确定（详见表 1-6-5）

表 1-6-5 正态分布情况下置信水准 p 与包含因子 k_p 间的关系

p（%）	50	68.27	90	95	95.45	99	99.73
k_p	0.67	1	1.645	1.960	2	2.576	3

B 类不确定度主要来自各种不同类型的仪器、不同的测量方法、方法的不同应用以及测量理论模型的不同近似等方面。B 类评定时可能的信息来源及如何确定可能值的区间半宽度 a 值是根据有关信息确定的。一般情况下，可利用的信息包括：

（1）以前的观测数据。

（2）对有关材料和仪器特性的经验或了解。

（3）生产部门提供的技术说明文件。

（4）校准证书、检定证书或其他文件提供的数据、准确度的等别或级别，包括目前暂在使用的极限误差等。

（5）手册给出的参考数据的不确定度。

（6）规定测量方法的校准规范、检定规程或测试标准中给出的数据。

测量仪器的特性可以用最大允许误差、示值误差等术语描述。技术规范、规程中规定的测量仪器允许误差的极限值，称为最大允许误差或允许误差限。它是制造厂对某种型号仪器所规定的示值误差的允许范围，而不是某一台仪器实际存在的误差。测量仪器的最大允许误差可在仪器说明书中查到，或根据仪器的等别、级别、分度值估算出来。测量仪器的最大允许误差不是测量不确定度，但可以作为测量不确定度评定的依据。测量结果中由测量仪器引入的不确定度可根据该仪器的最大允许误差按 B 类评定方法评定。如最大允许误差为 $\pm\Delta$，则评定仪器的不确定度时，可能值区间的半宽度为：$a = \Delta$。由手册查出所用的参考数据，其误差限为 $\pm\Delta$，则区间的半宽度为：$a = \Delta$。由有关资料查得某参数的最小可能值为 a_- 和最大可能值为 a_+，最佳估计值为该区间的中点，则区间半宽度可估计为：

$$a = (a_+ + a_-)/2 \tag{1-6-7}$$

在不确定度的 B 类评定方法中，假设概率分布遵循如下的原则：

（1）根据中心极限定理，尽管被测量的值 x_i 的概率分布是任意的，但只要测量次数足够多，其算术平均值的概率分布为近似正态分布。

（2）如果被测量受许多个相互独立的随机影响量的影响，这些影响量变化的概率分布各不相同，但每个变量影响均很小时，被测量的随机变化将服从正态分布。

（3）如果被测量既受随机影响又受系统影响，而又对影响量缺乏任何其他信息的情况下，一般假设为均匀分布。

（4）当利用有关信息或经验估计出被测量可能值区间的上限和下限：其值在区间外的可能几乎为零时，若被测量值落在该区间内的任意值处的可能性相同，则可假设为均匀分布（或称矩形分布、等概率分布）；若被测量值落在该区间中心的可能性最大，则假设为三角分布；若落在该区间中心的可能性最小，而落在该区间上限和下限的可能性最大，则可假设为反正弦分布。

（5）已知被测量的分布是两个不同大小的均匀分布合成时，则可假设为梯形分布。

例如，当测量仪器检定证书上给出准确度级别时，可按检定系统或检定规程所规定的该级别的最大允许误差进行评定。假定最大允许误差为 $\pm A$，一般采用均匀分布，得到示值允差引起的标准不确定度分量 $u(x_i)$ 按式（1-6-8）计算：

$$u(x_i) = \frac{A}{\sqrt{3}} \tag{1-6-8}$$

例如，若给出仪表准确度级别为 a，仪器量限（或被测量量值）为 M，则最大允许误差 A 按式（1-6-9）计算：

$$A = M \times a\% \tag{1-6-9}$$

6.2.3.6 合成标准不确定度的计算

无论各标准不确定度分量是由 A 类评定还是 B 类评定得到，合成标准不确定度是由各标准不确定度分量合成得到的。测量结果 y 的合成标准不确定度用符号 $u_c(y)$ 表示，按式（1-6-10）计算：

$$u_c(y) = \sqrt{\sum_{i=1}^{N} c_i^2 u^2(x_i) + 2\sum_{i=1}^{N-1} \sum_{j=i+1}^{N} c_i c_j u(x_i)u(x_j)r(x_i, x_j)} \qquad （1\text{-}6\text{-}10）$$

式中：

y ——被测量 Y 的估计值；

x_i ——第 i 个输入量 X_i 的估计值；

c_i ——灵敏系数；

$u(x_i)$ ——输入量 x_i 的标准不确定度；

$r(x_i, x_j)$ ——输入量 x_i 与 x_j 的相关系数。

灵敏系数 c_i 即被测量 Y 与有关的输入量 X_i 之间的函数对于输入量 x_i 的偏导数，按式（1-6-11）计算：

$$c_i = \frac{\partial f}{\partial x_i} \qquad （1\text{-}6\text{-}11）$$

输入量 x_i 与 x_j 的相关系数 $r(x_i, x_j)$ 由输入量 x_i 与 x_j 的协方差 $u(x_i, x_j)$ 计算，按式（1-6-12）计算：

$$r(x_i, x_j) = \frac{u(x_i, x_j)}{u(x_i)u(x_j)} \qquad （1\text{-}6\text{-}12）$$

当输入量间不相关时，评定合成标准不确定度 $u_c(y)$ 的通用公式为：

$$u_c(y) = u_c = \sqrt{\sum_{i=1}^{N} u_i^2} \qquad （1\text{-}6\text{-}13）$$

6.2.3.7　扩展不确定度 U 的确定

扩展不确定度 U 由合成标准不确定度 u_c 乘以包含因子 k 得到，按式（1-6-14）计算：

$$U = ku_c \qquad （1\text{-}6\text{-}14）$$

测量结果可表示为 $Y = y \pm U$。包含因子 k 的选取由置信水平决定，工程领域一般取 2。若 $k=2$，则由 $U=2u_c$ 所确定的区间具有的置信概率约为 95.45%；若 $k=3$，则由 $U=3u_c$ 所确定的区间具有的置信概率约为 99.73%。

6.2.3.8　报告测量结果

当用扩展不确定度 U 或相对扩展不确定度 U_{rel} 报告测量结果的不确定度时，应：

（1）明确说明被测量 Y 的定义；

（2）给出被测量 Y 的估计值 y 及其扩展不确定度 U，包括计量单位；

（3）必要时也可给出相对扩展不确定度 U_{rel}。

通常合成标准不确定度 $u_c(y)$ 和扩展不确定度 U 在报告时最多为两位有效数字，一般修约到需要的有效数字，有时也可将末位后面的数进位而不是舍去。

被测量 Y 的估计值应修约到其末位与不确定度的末位对齐，除非使用相对扩展不确定度。

6.3 符 合 性 判 定

符合性判定是根据测量结果判断合格评定对象的特定属性是否满足规定要求的活动，是延伸测量结果的服务，也是实验室及其他合格评定机构经常从事的活动。测量不确定度表征赋予了被测量量值的分散性，是测量结果的一部分，也是判定规则考虑的主要内容。ISO/IEC 17025：2017《检测和校准实验室能力的通用要求》明确要求实验室"当作出与规范或标准符合性声明时，实验室应考虑与所用判定规则相关的风险水平（如错误接受、错误拒绝以及统计假设），将所使用的判定规则制定成文件，并应用判定规则"。

主要依据 ISO/IEC Guide 98-4：2012《测量不确定度 第 4 部分：测量不确定度在合格评定中的应用》制定，提出了在符合性判定中考虑测量不确定度及风险评估的方法，包括常见的判定规则、合格概率的计算、基于合格概率确定接受区间、消费者和生产商风险的计算方法等内容，为合格评定机构选择和制定判定规则提供了指导。

当作出规范符合性的报告时，需明确向客户说明扩展不确定度的包含概率。一般采用包含概率为 95% 的扩展不确定度，并在报告中包含诸如"符合性报告基于包含概率为 95% 的扩展不确定度"的说明。如果使用其他包含概率的扩展不确定度，需与客户达成一致。鼓励使用高于 95% 的包含概率，避免使用低于 95% 的包含概率。

具有规范上限时推荐使用以下方法（具有规范下限时与之类似）：

（1）符合。如果测量结果加上包含概率为 95% 的扩展不确定度后，未超过规范的限定值，则可以报告符合规范。可以在检测报告中描述为"符合"或同时给出"当考虑测量不确定度时，测量结果在规范限值内（或低于规范限值）"的说明。当客户要求或相关法规规定需作出符合性报告时，校准证书中通常可描述为"通过"或"合格"。

（2）不符合。如果测量结果减去包含概率为 95% 的扩展不确定度后，超出了规范限值，则可以报告不符合规范。可以在检测报告中报告为"不符合"或同时给出"当考虑测量不确定度时，测量结果超出规范限值（或高于规范限值）"的说明。当客户要求或相关法规规定需作出符合性报告时，校准证书中通常可描述为"未通过""不通过"或"不合格"。

（3）如果测量结果加上（或减去）包含概率为 95% 的扩展不确定度后，与规范限值的区间重叠，则不能据此判定符合或不符合。这种情况，需当同时报告测量结果和包含概率为 95% 的扩展不确定度，以及指出不能判定符合与不符合的说明。如果规范限值是以"小于（或用符号'<'）"或"大于（或用符号'>'）"的形式给出的，可以报告不符合；如果规范限值是以"小于等于（或用符号'≤'）"或"大于等于（或用符号'≥'）"的形式给出的，可以报告符合。但当测量结果为该种情况时，建议进行重复检测或测量，计算重复测量的平均值及其对应的不确定度，然后再进行符合性评价。

符合性报告需避免其与检查和产品认证相混淆。为此可以在报告中添加说明，对于检测可以使用以下表述："本报告中的检测结果和符合性报告仅与被测样品有关，与被测样品取样的来源无关"或"本报告仅对被测样品负责"。对于校准可以使用以下表述："测量结果和符合性报告仅与被校准的仪器有关"或"本报告仅对被校样品负责"。

第二部分

专 业 部 分

1 高压并联电容器基础

本部分规定了标称电压1kV及以上油浸式全膜介质高压并联电容器单元质量检测的产品基础要求。

1.1 高压并联电容器术语和定义

高压并联电容器的基本术语和定义如下：

1.1.1 电容器元件 capacitor element

由电介质和电极所构成的电容器的最小单元部件。

1.1.2 电容器单元 capacitor unit

由一个或多个电容器元件组装于单个外壳中，并有引出端子的组装体。

1.1.3 电容器 capacitor

本质上由电容表征其特性的具有两个端子的设备。

1.1.4 线路端子 line terminal

用来连接到电网导线上的端子。

1.1.5 外壳最热点温度 highest temperature of a case

电容器直立放置，外壳两大面中心线距底2/3高度处测得的温度的最高值。

1.1.6 外壳温升 temperature raise of a case

电容器外壳最热点温度与冷却空气温度之差。

1.1.7 电容器芯子最热点温度 highest temperature of capacitor core

热稳定试验时电容器芯子最热处的温度。

1.1.8 外壳耐爆能量 case withstand energy without rupture

电容器内部极间或极对外壳发生击穿时，电容器能耐受的不引起箱壳及套管破裂的最大能量。

1.1.9 局部放电起始电压 initial voltage of partial discharge

电容器单元或电容器元件发生局部放电时的最低工频电压（方均根值）。

1.1.10 局部放电熄灭电压 extinct voltage of partial discharge

电容器单元或电容器元件发生局部放电后，施加电压下降过程中局部放电熄灭时的最高工频电压（方均根值）。

1.1.11 电容器的放电器件 discharge device of a capacitor

跨接在电容器内部极间的一种器件。在电容器从电源脱离后，能在规定的时间内，使电容器极间的剩余电压下降到规定的数值。

1.1.12 电气距离 electric distance

电容器两端子间及端子对外壳的电气净距。

1.2 并联电容器原理

电力电容器有不少种类，并联电容器是目前用量最大的电力电容器，它在交流电力系统中与负载并联连接，主要用来补偿感性无功功率，以改善功率因数，减少电能损耗，保障电压质量，增强系统稳定性和提高系统输送电能的能力。

1.2.1 电容器的电容

电容器是用来储存电荷的电器，最简单的电容器由电介质和被它隔开的两个金属电极组成。电容 C 与电容器电极的形状、大小及其布置方式有关。平行板电容器是最常见的一种结构，由两个互相平行的平板导体中间夹电介质组成。当极板间距离与极板尺寸相比较很小时，可忽略其边缘效应，极板间电场可视为均匀电场。平行板电容器的电容 C 相对应的电极有效面积 S 成正比，而与电极间距离 d 成反比，电容计算参见式（2-1-1）。

$$C = \varepsilon_0 \varepsilon_r S / d \qquad (2\text{-}1\text{-}1)$$

式中：

C ——平行板电容器的电容，F；

ε_0 ——真空介电常数，$\varepsilon_0 = 8.854 \times 10^{-12} \text{F/m}$；

ε_r ——相对介电常数，无量纲；

S ——平行极板面积，m^2；

d ——电极间距离，m。

电力电容器的元件通常用铝箔作极板，采用卷绕式平扁形元件，可看作平行板电容器。在这种结构中，由于极板双面起作用，其电容值约等于该元件展开成平面长条时的 2 倍，即

$$C \approx 2\varepsilon_0 \varepsilon_r \frac{bl}{d} \qquad (2\text{-}1\text{-}2)$$

式中：

b ——铝箔宽度，m；

l ——铝箔长度，m；

d ——电极间距离，m。

1.2.2 电容器的储能

电容器在两个极板间施加一直流电压 U 时，极间存在静电场，电极上的电荷靠电场力相互吸引，并相互束缚着。极板间储存的静电能量 W 的表达式参见式（2-1-3）。

$$W = \frac{CU^2}{2} \qquad (2\text{-}1\text{-}3)$$

式中：

W ——电容器储存的能量，J；

C ——电容器的电容，F；

U ——电容器极间施加的直流电压，V。

此时，若撤去外电源，由于储存的电荷仍存在，电极间的电压将继续维持不变。所以，电容器通过储存电荷来储存能量。

1.2.3 电容器的电流

在正弦交流电压作用下，电容器电流可表示为式（2-1-4）。

$$I_C = 2\pi f C U \qquad (2\text{-}1\text{-}4)$$

式中：

I_C ——电容器电流的方均根值，A；

f ——正弦交流电压频率，Hz；

U ——施加在电容器上的正弦交流电压方均根值，V。

1.2.4 电容器的容量

在正弦交流电的作用下，电容器与电源交换能量的能力用电容器的容量或无功功率 Q_C 表示，见式（2-1-5）。

$$Q_C = 2\pi f C U^2 \qquad (2\text{-}1\text{-}5)$$

式中：

Q_C ——电容器的容量，var。

在工程应用中，由于并联电容器单台容量较大，Q_C 常以千乏（kvar）为单位，即 1kvar=1000var；电压 U 以千伏（kV）为单位，而电容 C 常以微法（μF）为单位，此时式（2-1-5）可用式（2-1-6）代替。

$$Q_C = 2\pi f C U^2 \times 10^{-3} \qquad (2\text{-}1\text{-}6)$$

1.2.5 电容器的损耗和损耗因数

在交流电的作用下，电容器在产生无功功率的同时，由于电介质内部的极化和存在漏导，电容器内部极板、熔丝、放电器件、连接导线存在电阻及内部发生局部放电等情况，会产生一定的有功损耗，统称为电容器的损耗 P_C。电容器的有功损耗与电容器容量（无功功率）Q_C 之比称为电容器的损耗因数，也称作损耗角正切 $\tan\delta$，即式（2-1-7）。

$$\tan\delta = \frac{P_C}{Q_C} \qquad (2\text{-}1\text{-}7)$$

式中：

P_C ——电容器的有功损耗，W；

Q_C ——电容器容量，即无功功率，var；

$\tan\delta$ ——电容器损耗角正切，无量纲。

电容器的损耗会消耗电能，造成电容器发热，因此要求 $\tan\delta$ 越小越好，这样可以降低电容器的温升、延长电容器的使用寿命和节约电能。

由电介质的漏导和极化形成的损耗称为介质损耗，它是电容器损耗的主要部分。因此降低电容器损耗主要是降低介质损耗。电力电容器通常采用组合介质，例如绝缘油浸薄膜、绝缘油浸纸、绝缘油浸纸与薄膜的复合介质等。组合介质的损耗角正切 $\tan\delta$ 与许多因素有关：内因是所用的介质材料（薄膜、纸以及浸渍剂）的成分；外因包括温度、电场强度和频率等；制造工艺对它也有很大的影响。

1.2.6 电容器介质的电场强度

电容器电极间施加电压 U 时，极间存在电场，电场的大小用电场强度（以下简称"场强"）E 表示，场强的表达式见式（2-1-8）。

$$E = \frac{U}{d} \qquad (2\text{-}1\text{-}8)$$

式中：

E ——介质的电场强度，V/m；

U ——施加在电容器上的正弦交流电压方均根值，V；

d ——电极间距离，m。

电容器在额定电压下运行时，其内部电介质上的电场强度称为工作场强。

场强是电容器的主要参数，它决定电容器的性能、寿命与可靠性。合理选取工作场强是电力电容器设计的核心同题，工作场强通常是根据材料性能和质量、制造工艺水平、电容器的预期寿命、实践中积累的经验及所选用的介质结构快速老化试验数据确定的，可使电容器在暂态过电压或长期作用的工作电压下安全可靠地运行。选取工作场强时应考虑对短时击穿、热和局部放电等都留有足够的安全裕度。

对于并联电容器，主要还应从局部放电的角度来选取工作场强。在电容器长时间运行期间，E 以产生局部放电的形式显示其影响。电容器中的局部放电主要发生在极板边缘和极间介质间残留的微小气泡中。在浸渍质量好的情况下，局部放电大多发生在电场集中的极板边缘部位，如果极板间长时间施加相当于或高于油层局部放电起始的电压，则持续放电会分解绝缘油，产生气体，使局部放电进一步加剧，并腐蚀固体介质，造成电介质的绝缘性能劣化，导致电容器可靠性降低，寿命缩短。若极板间局部放电起始的平均场强为 E_i，当工作场强为 E（$E \geqslant E_i$）时，对于全膜电容器，其寿命与工作场强关系的经验公式参见式（2-1-9）。

$$E - E_\infty = 300t^{-0.46} \tag{2-1-9}$$

式中：

E_∞ ——介质击穿 U-t 特性曲线中的长时间耐电强度值，MV/m；

E ——工作电场强度，MV/m；

t ——工作电场强度 E 下电容器的寿命，s。

1.2.7 电容器的并联

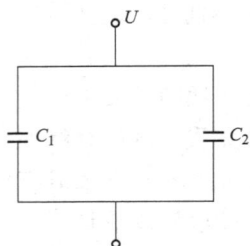

图 2-1-1 电容的并联

两个电容器如图 2-1-1 所示相并联，其电容分别为 C_1 和 C_2，当端子间施加一直流电压 U 时，每个电容器所承受的电压是一致的，都是 U。它们具有的电荷分别为 $Q_1 = C_1 U$ 和 $Q_2 = C_2 U$。

其总电荷为

$$Q = Q_1 + Q_2 = U(C_1 + C_2) \tag{2-1-10}$$

则总电容 $C = C_1 + C_2$，相当于电容器的极板面积增大。

多个电容器并联时亦可得到同样的结论：这种并联的电容器组合的电荷和电容是相叠加的，即

$$Q = Q_1 + Q_2 + Q_3 + \cdots = U(C_1 + C_2 + C_3 + \cdots) \tag{2-1-11}$$

$$C = C_1 + C_2 + C_3 + \cdots \tag{2-1-12}$$

1.2.8 电容器的串联

当两个电容器串联时，施加一直流电压 U，C_1 与 C_2 上分别分布电压 U_1 与 U_2，并有 $U_1 + U_2 = U$，如图 2-1-2 所示。

两个电容器的电荷分别为 $Q_1 = C_1 U$ 和 $Q_2 = C_2 U$。由于 C_1 的下电极与 C_2 的上电极是相连的，可视为同一个导体。在一个导体内，正负自由电荷是等量的，而每一个电容器两个电极上的电荷也是数量相等而符号相反的。所以 $Q_1 = Q_2$，即 $C_1 U_1 = C_2 U_2$，则有式（2-1-13）所示的关系式。

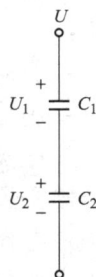

图 2-1-2 电容的串联

$$U = Q\left(\frac{1}{C_1} + \frac{1}{C_2}\right) = \frac{Q}{C} \tag{2-1-13}$$

C 为 C_1 与 C_2 串联后的等值电容，即式（2-1-14）和式（2-1-15）。

$$\frac{1}{C} = \frac{1}{C_1} + \frac{1}{C_2} \tag{2-1-14}$$

$$C = \frac{C_1 C_2}{C_1 + C_2} \tag{2-1-15}$$

其电压比 $\frac{U_1}{U_2} = \frac{C_1}{C_2}$，即与电容值成反比，$U_1$、$U_2$ 与 U 的关系式见式（2-1-16）和式（2-1-17）。

$$U_1 = \frac{Q}{C_1} = \frac{C}{C_1}U = \frac{C_2}{C_1 + C_2}U \tag{2-1-16}$$

$$U_2 = \frac{C_1}{C_1 + C_2}U \tag{2-1-17}$$

多个电容器串联时亦可得到同样的结论：串联的电容器组合的总电荷与各个电容器的电荷相同，等值电容的倒数为各电容的倒数之和，电压分配则与电容值成反比。

1.2.9 电容器的容抗

在正弦交流电路中，电容的电抗为容性电抗，简称容抗，用 X_C 表示。其计算式参见式（2-1-18）。

$$X_C = \frac{1}{\omega C} \tag{2-1-18}$$

式中：

ω ——电源角频率，rad/s；

C ——电容器电容，F。

与电阻串联一样，N 台电容器串联时的容抗为各电容器容抗之和，即

$$X_C = X_{C1} + X_{C2} + X_{C3} + \cdots + X_{CN} \tag{2-1-19}$$

M 台电容器并联时的容抗为各电容器电容值相加后的容抗值，即

$$X_C = \frac{1}{\omega(C_1 + C_2 + C_3 + \cdots + C_M)} \tag{2-1-20}$$

1.2.10 电容器元件与电容器单元

电容器元件是电容器内部由电介质和被它隔开的电极所构成的部件，一般由电介质和电极卷绕而成。

电容器单元是相对于电容器组而言的对电容器的一种称呼，它是电容器组的组成单元，实际上就是容量较小的单台电容器，是由一个或多个电容器元件串并联组装于同一个外壳中并有引出端子的组装体。

在高压并联电容器单元内，通常将多个规格相同的元件压装在一起，元件之间串、

并联连接成一体，组成芯子。元件的串联数 N 的大小，取决于元件的额定电压 U_N 和电容器单元的额定电压 U_{CN}。元件的并联数 M 取决于电容器单元的额定容量 Q_{CN}、元件的额定容量 Q_N 和元件的串联数 N。电容器元件电气连接示意图如图 2-1-3 所示。

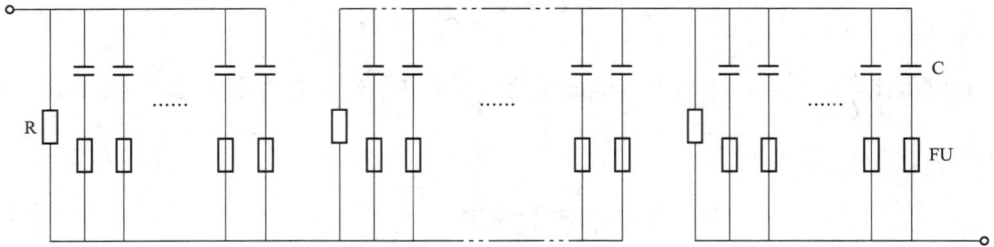

图 2-1-3　电容器元件电气连接示意图（M 并 N 串）

1.2.11　电容器的击穿

1.2.11.1　击穿的定义

当作用于电介质的外施场强升高到某一定值时，电介质便由介电状态突变为完全导电状态，该突变过程称为电介质击穿。此时通过电介质的电流剧增，通常以电介质伏安特性的增加速率趋于零（$dU/dI \rightarrow 0$）作为发生击穿的判据，如图 2-1-4 所示。图中 U_B 称为击穿电压；击穿场强 E_B 被称为介电强度（也称击穿强度或绝缘强度），该值反映电介质承受电场强度的极限能力。

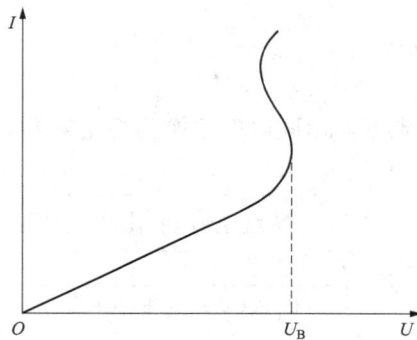

图 2-1-4　一般电介质的伏安特性

由于电介质有气态、液态和固态等不同聚集状态，击穿现象和机理也有所不同。对于电力电容器中主要介质——固体电介质来讲，在电场的作用下，一般分为短时击穿和长期老化两种破坏形式，常见的击穿大致分为电击穿、热击穿、局部放电击穿三类。

1.2.11.2　电击穿

电击穿是一种电子过程，电击穿有本征击穿理论和"雪崩"击穿理论等多种描述方法。Hipple 和 Frohlich 在固体物理及量子力学基础上建立了固体电介质的碰撞电离理论，该理论认为：在强电场下，固体导带中的一些电子由电场加速获得动能，与晶体中晶格（或杂质、缺陷）互相作用而受到散射，电子损失能量而准粒子（声子）吸收能量。当上述过程在一定温度和场强下平衡时，电介质有稳定的电子电导。若电子从电场获得的能量大于交给晶格的能量，则它的能量将不断增大，直到超过晶体的电子电离能，此时便会导致碰撞电离，使自由电子雪崩式增加，破坏电导稳定状态，发生固体击穿。

电击穿的特点：电压作用时间短，击穿电压高，击穿场强与电场均匀程度密切相关，但与周围温度和电压作用时间几乎无关。

固体电介质击穿理论叙述的是宏观均匀单一介质，电容器中采用的是多层组合电介质，即固体（有时是不同的固体）薄膜层与液体电介质膜层的组合。组合介质中电场的分布与各层电介质的 $\tan\delta$ 和 ε_r 相关，由于电容器元件所采用电介质的 $\tan\delta$ 很小，所以在工频交流电压作用下第 i 层工频交流场强有效值可近似表达为

$$E_{ieff} = \frac{d}{\varepsilon_i \displaystyle\sum_{k=1}^{n} \frac{d_k}{\varepsilon_k}} E_{eff} \tag{2-1-21}$$

式中：

ε_i ——第 i 层电介质的相对电容率，无量纲；

ε_k ——第 k 层电介质的相对电容率，无量纲；

d ——第 n 层电介质的总厚度，m；

d_k ——第 k 层电介质的总厚度，m；

E_{ieff} ——第 i 层电介质上的工频交流场强有效值，V/m；

E_{eff} ——作用在组合电介质上的工频交流场强有效值，V/m。

1.2.11.3 热击穿

热击穿是由于电介质内部热的不稳定造成的。当电介质施加电场时，电介质中的损耗将引起发热，使其温度升高。若散热条件良好，环境温度较低，发热与散热可以在一定温度下平衡，则电介质处于热稳定状态；若散热条件不良或环境温度较高，电介质的发热大于散热，则电介质温度将不断上升，引起电介质分解、碳化等，致使电介质击穿。

热击穿的特点：与电击穿比较，电压作用时间长，击穿电压较低，电介质温升高。

热击穿电压（场强）与以下参数和条件相关：

（1）热击穿电压（场强）随环境温度升高呈指数形式下降。

（2）频率提高时，热击穿电压（场强）下降。

（3）热击穿电压（场强）直接与散热条件有关。

（4）电介质体积增大时，热击穿电压（场强）下降。

（5）$\tan\delta$ 增大，热击穿电压（场强）下降。

1.2.11.4 局部放电击穿

局部放电是指一种导体间电介质内部所发生的局部击穿的放电。该放电可能发生在绝缘内部或邻近导体的地方。例如，在含有气体（气隙或气泡）或液体（油膜）的电容

器固体电介质中，当击穿强度较低的气体或液体的局部电场强度达到其击穿场强时，该部分气体或液体发生放电，使电介质发生不贯穿电极的局部击穿。

局部放电大体可分为内部放电、沿面放电和电晕放电三类：

（1）内部放电。指发生在电介质内部的气隙和杂质上的放电。

（2）沿面放电。指在存在电场切线分量的电介质表面上的放电。

（3）电晕放电。指在电极边缘与尖点处极不均匀电场区域气体中的放电。

局部放电虽然不立即形成贯穿性通道，但长期的放电主要会产生以下三方面的作用：

（1）电的作用。带电粒子对电介质接触界面的直接轰击作用，使有机电介质的分子主链断裂。

（2）热的作用。带电粒子的轰击作用引起电介质局部温度上升，发生热熔解或热降解。

（3）化学作用。局部放电产生的受激分子或二次生成物，使电介质受到可能比电、热作用危害更大的侵蚀。

局部放电的上述作用使电介质（特别是有机电介质）的老化损伤逐步加深、扩大，导致整个电介质击穿。

1.2.11.5 电容器击穿的特征

电容器击穿大多发生在以下三个部位：

（1）元件内电介质击穿，包括极板中间电介质击穿、极板边缘电介质击穿等。

（2）电容器的电极对外壳绝缘击穿，常表现为电容器芯子引出线与外壳之间的绝缘击穿，以及元件介质击穿引起芯子包封绝缘破坏，造成极对壳击穿。

（3）电容器引出线之间绝缘击穿造成极间短路。

以上三种击穿以元件内电介质击穿最为常见。造成元件内电介质击穿的因素有外部的也有内在的。外部因素与使用条件有关，主要与环境温度、稳态过电压及其作用时间、操作过电压幅值和持续时间及承受次数、电网谐波等相关。内在因素主要包括电场均匀程度及边缘效应、电介质材料的弱点、制造过程中造成元件固体电介质的机械损伤及皱褶、电容器中残留的空气、水分及杂质等。

1.2.11.6 影响绝缘击穿电压的主要因素

（1）电压作用时间。若外加电压作用时间很短（如 1/10s 以下），介质就被击穿，则这种击穿很可能是电击穿。如电压作用时间较长（几分钟到数十小时）才引起击穿，则热击穿是主要因素。有时两者很难分清，例如交流 1min 耐压试验中试品被击穿，则常常有电和热的双重作用。若电压作用长达几十小时甚至几年才击穿，则大多属于局部放电击穿或局部放电、发热和化学反应等因素综合作用而导致的电化学击穿，为了准确判明击穿的原因，还应根据击穿现象作具体分析，不能单纯以时间来衡量。

（2）温度。电介质周围温度在某一温度值以下时，电介质的耐电强度很高，且与温度关系很小，这时发生的击穿属于电击穿；在该温度以上时则属于热击穿。这一温度称为转折温度，不同材料有不同的转折温度。周围温度越高，散热条件越差，热击穿电压就越低。

（3）电场均匀程度。在均匀电场中，电介质的击穿电压往往很高，且与电介质厚度接近线性关系。在不均匀电场中，平均击穿场强与电场分布的均匀程度有关。电容器常用的薄膜和纸往往因为含有杂质、孔隙、厚度不均匀或其他缺陷，形成弱点。这些弱点会在元件内部造成局部电场畸变，使这些点上集中较强的电场，容易最早达到击穿的条件。

另外，在元件制造过程中，由于薄膜的静电效应容易吸附空气中的尘埃，卷绕机各机件的微小偏移、变形及控制的微小偏差也会在元件中形成皱褶，这些都会使得该部位的场强畸变和增高，从而造成在较低电压下的击穿。因此，为提高击穿场强，元件必须在洁净的环境中制造，卷绕机也应精确调校并对材料张力实行自动控制。

（4）边缘效应及周围媒质。电极边缘的场强往往较高，击穿容易从这里开始，因此极板边缘是元件击穿的又一主要部位。

边缘效应是指电容器元件极板边缘形成的固-液组合电介质系统，该处的电场分布不均匀，液体电介质的击穿强度 E_{1b} 又低于固体电介质的击穿强度 E_{2b}，因而在固体击穿前，极板边缘的液体电介质会先行放电，放电火花又进一步畸变电场。若放电起始电压 U_i 低于固体电介质最低击穿电压 U_{2bmin}，则虽有放电亦不至于引起固体电介质立即击穿。若 $U_i > U_{2bmin}$，则液体电介质放电会立即引起固体电介质在较低电压下于极板边缘处击穿。

所以，在电容器设计和元件制造中采取极板折边，减少其边缘毛刺，元件采用凸箔式结构，提高液体电介质的耐电强度及采用 ε_r 较高的液体电介质等措施，可以减弱边缘效应的影响。

另外，为提高击穿电压，常需增大电介质厚度，但电介质厚度增加，会使极板间距增大，引起边缘效应及散热条件恶化，使击穿场强下降。因此，电容器的电介质总厚度应控制在适当的范围内，例如并联电容器的全膜介质总厚度一般控制在 50μm 以下，就可得到较高的短时耐电场强。

（5）潮湿和气体。绝缘材料受潮后，击穿场强的下降程度与材料性能有关。不论是固体电介质，还是液体电介质，受潮或吸湿后耐电强度都会大大下降。如果固体电介质层中包含气隙或气泡，也会在较低电压下发生局部放电，从而引起电介质性能的劣化和击穿。所以，在电容器制造时应采取一系列相应的措施，以有效提高电容器的击穿场强。例如：采用净化处理工艺，去除液体电介质中的水分、气体和杂质；采用真空干燥工艺，排除电容器外壳内的水分和空气，然后充注经净化处理的液体电介质；选用析气性能好的液体电介质，以利于吸收液体电介质中残存的或由电场作用分解的微量气体；固体电介质采用易浸渍的材料，如元件极间采用表面粗化的聚丙烯薄膜，极对壳采用多层电缆纸绝缘，以减少气隙和气泡等。

（6）电压的种类。同一固体绝缘在同一电极布置中，其交流、直流和冲击电压下的击穿值常常是不同的：冲击击穿电压一般高于交流击穿电压峰值，直流耐压比交流耐压（峰值）要高得多，这是在直流电压下发热少、局部放电也少的缘故。

固体绝缘在承受较高频率的电压时，易激发局部放电，损耗也会增大，容易引起热击穿，或由于化学变化和发热等损伤绝缘介质，使击穿电压降低，因此要特别注意谐波对电容器运行的影响。

（7）累积效应。雷电过电压或操作过电压有时虽然峰值较高，但由于时间短，不至于使绝缘立即形成贯穿的击穿通道，仅在固体绝缘中产生局部损伤或不完全击穿。但多次冲击后，会产生累积效应，一系列的不完全击穿，将导致绝缘的完全击穿。所以承受冲击电压的次数增多，固体绝缘的击穿电压将下降，这是非自恢复绝缘共有的特点。在确定电气设备的运行过电压及持续时间、操作过电压峰值及持续时间、试验电压和试验次数时，必须注意这种累积效应。

（8）电极面积。同一固体电介质随着电极面积的增大，击穿场强将下降，这是因为电极面积越大，电介质的面积也相应增大，其所含的弱点数也必然增多，击穿的概率就增大。

弱点击穿现象的特征：击穿电压明显低于介质材料本身的击穿电压测量平均值；弱点分布无规则，小试样的击穿电压值是受弱点分布制约的量，弱点击穿规律性符合威伯尔分布。

为了减少电介质弱点和不均匀性对耐电强度的影响，高压电容器的固体电介质均采用多层复合的形式。例如聚丙烯薄膜常用 2～3 层叠合，这使得弱点得到掩蔽，由于弱点重合的概率非常小，便可有效减小弱点对电容器介质击穿场强的影响。

1.2.12　电容器元件击穿后电容及内部分布电压的改变

电容器元件击穿后电容及内部分布电压的改变与电容器的内部结构密切相关，下面对所列的三种结构电容器分别进行分析。

1.2.12.1　无内熔丝，元件先并联后串联的电容器单元

电容器单元内部有一个元件发生击穿故障时，与其相并联的所有元件均被短路。此时，故障单元的电容将从 $\dfrac{m}{n}C_\text{N}$ 增大为 $\dfrac{m}{n-1}C_\text{N}$，假如单元外施电压维持在 U_CN，余下的健全串联段元件上的电压将升高到 $\dfrac{n}{n-1}C_\text{N}$。可见，单元的串联段数 n 越小，则在一个元件击穿后电容的增量越大，健全串联段元件上的电压越高。例如：当 $n=6$ 时，单元内部有一个元件发生击穿，其电容增大倍数和健全串联段元件过电压的倍数均为 1.2。当 $n=4$ 时，单元内部有一个元件发生击穿，其电容增大倍数和健全串联段元件过电压的倍数则为 1.33。后者与前者相比，故障在其内部继续发展的可能性更大。当串联段有 50% 被故障元件短路时，对应于 $n=6$ 和 $n=4$ 的电容器单元各有 3 个和 2 个串联段短路，故障单元的电容与健全段元件的过电压均达到完好时的 2 倍。

在三相电容器组中，由于故障单元电容增大，造成三相不平衡，引起电容器组中性点电位变化，将减小健全段元件过电压增长倍数。但是，由于过电压的作用，及其随串联段击穿数增加引起过电压逐步提高，将使元件的故障加速发展。

元件击穿后，故障点成为电流通道，若故障点两极板接触不良或存在电阻，将会产生电弧和高温，使周围的介质迅速劣化、汽化，进而加剧故障的发展和扩大。显然，这

种电容器单元一旦发生元件击穿故障，就应该采取措施及早将它从电路中切除。这样，由于工艺或材料可能存在的缺陷引起个别元件发生故障，导致整台电容器单元使用寿命终结、利用率不高的问题就显现出来了。但是，这种电容器制造工艺简单，材料消耗较少，且保护配合比较容易。

1.2.12.2 装设内熔丝的电容器

电容器单元采用内熔丝技术可以较好地解决上述问题。带有内熔丝的电容器的结构及内部元件接线与上述无内熔丝电容器基本相同，只是在每个元件上串接入一根内熔丝。当单元内某一元件击穿时，与其并联的所有元件将向该故障点放电，放电电流使故障元件的熔丝快速熔断并将故障元件隔离。此时电容器故障段的电容由原来 mC_N 降为 $(m-1)C_N$，故障单元的电容计算参见式（2-1-22）。

$$C_g = \frac{m(m-1)}{n(m-1)+1} C_N \tag{2-1-22}$$

与故障前相比，得到

$$\frac{C_g}{C_{CN}} = \frac{n(m-1)}{n(m-1)+1} \tag{2-1-23}$$

可见电容有所减小，但与无内熔丝的情况相比，变化率则小得多。

假定单元上电压不变，保持为 $U_{CN}=nU_N$，则故障段完好元件上的电压计算见式（2-1-24）。

$$U_{Ng} = \frac{m}{n-1}C_N \frac{nU_N}{(m-1)C_N + \frac{m}{n-1}C_N} = \frac{mn}{mn-n-1}U_N \tag{2-1-24}$$

健全段元件上的电压为

$$U_{Nj} = \frac{(m-1)C_N}{(m-1)C_N + \frac{m}{n-1}C_N} \times \frac{n}{n-1}U_N = \frac{mn-n}{mn-n+1}U_N \tag{2-1-25}$$

可见，故障段完好元件上电压升高，而健全段元件上电压略有下降。故障段元件继续发生击穿的可能性增大。

假定单元中该故障段的元件继续发生击穿，当有点个元件相继击穿且熔丝可靠动作后，故障段的电容将减小到 $(m-k)C_N$，整台故障单元的电容关系如式（2-1-26）和式（2-1-27）所示。

$$C_g = \frac{m(m-k)}{n(m-k)+k} C_N = \frac{(1-G)m}{n(1-G)+G} C_N \tag{2-1-26}$$

$$G = \frac{k}{m} \tag{2-1-27}$$

式中：

G——故障段的元件故障率。

同样，单元上电压仍维持 $U_{CN}=nU_N$，则故障段元件电压表达式如式（2-1-28）所示。

$$U_{\mathrm{Ng}} = \frac{n}{n-(n-1)G}U_{\mathrm{N}} \tag{2-1-28}$$

健全段元件上的电压表达式如式（2-1-29）所示。

$$U_{\mathrm{Nj}} = \frac{n(1-G)}{n-(n-1)G}U_{\mathrm{N}} = \frac{n(1-G)}{n(1-G)+G}U_{\mathrm{N}} \tag{2-1-29}$$

由分析可知，故障段元件上的电压随该段内故障率 G 的增大而升高。

综上所述，使用内熔丝技术可使单元中少数元件击穿时被熔丝及时熔断并可靠隔离，同时较容易使故障段完好元件的过电压控制在安全范围以内，保证故障电容器单元可继续运行，避免因材料或工艺缺陷造成的个别元件故障导致电容器单元过早退出运行，也可避免像无内熔丝电容器那样，一旦发生故障，便发展成较严重的后果。在单台容量较大的以及用于大容量并联电容器装置的单元中，内熔丝已广泛采用，内熔丝技术本身也得到了足够的重视和较快的发展。其缺点是制造工艺比较复杂，内熔丝会使电容器的损耗增大。

上述两种结构的电容器单元在我国都属于应用十分广泛的主要产品。

1.2.12.3 无内熔丝、元件先串联后并联的电容器

这种无熔丝电容器是采用元件先串联后并联的接线方式，元件发生击穿时，击穿点两极板发生熔焊，造成可靠的短路。有研究认为，在一定条件下，例如元件串联数 m 足够大、并联支路数 m 足够多时，就可以限制流过元件击穿点的电流，使该处不会产生高温而造成对电容器的危害，同时也可将故障单元的容量损失控制得很小，同样可以满足个别元件故障不影响单元正常运行的要求。由于其具有独特的元件非直接并联连接的结构，所以元件故障时放电能量不大，元件击穿时造成邻近元件或对壳绝缘损伤的可能性较小，有利于防止故障的扩大或单元外壳的爆裂。其缺点是芯子制造过程中元件连接相对困难。

这种电容器在一个元件发生故障时，故障串的电容器由 $\frac{C_{\mathrm{N}}}{n}$ 增大为 $\frac{C_{\mathrm{N}}}{n-1}$，如果 n 相当大，整个单元的电容变化就比较小，由正常时的 $\frac{m}{n}C_{\mathrm{N}}$ 变为 $\left(\frac{m-1}{n}+\frac{1}{n-1}\right)C_{\mathrm{N}}$。当单元电压 $U_{\mathrm{CN}}=nU_{\mathrm{N}}$ 保持不变时，故障串内完好元件的电压上升为 $\frac{n}{n-1}U_{\mathrm{N}}$，其他健全串则不受影响。为了保证电容器单元能继续正常运行，设计时要求：

（1）元件串联数 n 足够大，以满足有个别元件击穿后，该串中完好元件上的分布电压不超过元件允许连续运行的最高电压。所以适宜设计制造额定电压较高的电容器。

（2）电容器的固体电介质必须采用全膜，这样介质系统内的元件故障时，才会使得元件击穿点的两极板迅速熔合在一起，形成可靠的金属性短路。而膜纸复合介质和纸介质系统则不会出现这种现象。

（3）通过电容器单元的额定电流不宜太大。

（4）元件极间介质不能太厚。

这种技术在国外已有应用，目前在我国尚未推广。

1.3 并联电容器的分类

现代的并联电容器的分类方法包括按额定电压、结构形式、极板和电介质种类划分等多种。

1.3.1 按额定电压分类

按额定电压分类，可分为 1kV 及以下的低电压并联电容器和 1kV 以上的高电压并联电容器两类。

1.3.2 按结构形式分类

（1）电容器单元。电容器单元也称单台电容器或壳式电容器，是由一个或多个电容器元件组装于同一个外壳中并有出线端子的组装体。

（2）集合式电容器。集合式电容器是一种将内熔丝电容器单元集装于一个容器（或油箱）中的电容器。

（3）箱式电容器。箱式电容器是由无内熔丝的大元件、绝缘件、紧固件组成芯子，由一个或数个芯子和连接件等组装成整体，装于一个油箱中的电容器。

1.3.3 按极板和电介质不同分类

（1）油浸式全膜介质电容器。这是一种以铝箔为极板、聚丙烯薄膜浸绝缘油为介质的电容器。

（2）油浸式复合介质电容器。这是一种以铝箔为极板、聚丙烯薄膜与电容器纸复合浸绝缘油为介质的电容器。

以上两种电容器统称为油浸式电容器。

（3）自愈式电容器。也称为金属化电容器，这是一种用金属化薄膜制成的有自愈性能的电容器，其极板为金属化薄膜上的金属层，介质为金属化薄膜的聚丙烯基膜。

1.3.4 按是否充有液体浸渍剂分类

按是否充有液体浸渍剂，并联电容器分为油浸电容器和干式电容器。

目前，高压并联电容器通常采用铝箔电极、油浸全膜介质结构。低压并联电容器通常为自愈式电容器。

本教材所涉及并联电容器结构类型如图 2-1-5 所示，为额定电压 1kV 及以上的油浸式全膜介质高压并联电容器单元。

图 2-1-5 油浸式全膜介质高压并联电容器单元

1.4 油浸式高压并联电容器单元结构

高压并联电容器单元主要由元件、浸渍剂、放电电阻、内熔丝（如有）、绝缘件、出线套管、箱壳等组成，其内部结构及外形如图 2-1-6 和图 2-1-7 所示。

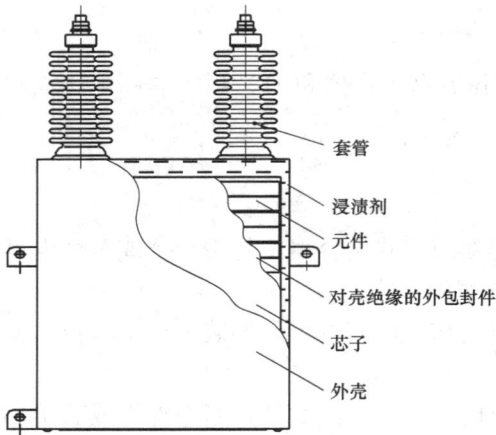

图 2-1-6　内部结构示意图

图 2-1-7　外形图

电容器单元的主要零部件主要包括以下内容。

（1）元件。元件是电容器的基本电容单元，高压并联电容器中的元件通常由两张铝箔作极板、中间夹多层聚丙烯薄膜卷绕后压扁而成。

（2）绝缘件。电容器内部的绝缘件主要由电缆纸及电工纸板经剪切、冲孔、弯折制成，由其构成元件间、元件组间、芯子对箱壳间、引出线对箱壳间、内熔丝对元件间、放电电阻对元件间等处的绝缘。

（3）内熔丝。内部装设了熔丝的电容器单元称为内熔丝电容器。内熔丝是有选择性的限流熔丝，设置方法为每个元件串联一个熔丝，故也称为元件熔丝。

（4）内部放电电阻。放电器件是电容器从电源脱开后能将电容器端子上的电压在规定时间内降至规定值以下的器件，以使电容器再次投运时不至于产生高的过电压及涌流，并且是保证维护人员安全的措施之一。

（5）箱壳。高电压并联电容器通常采用 1.5～2mm 厚的冷轧普通钢板或不锈钢板制成的矩形箱壳。

（6）接线端子。接线端子是用来将电容器连接到输电线或母线上的端子，或是用来与其他电容器单元连接的端子。并联电容器的接线端子是由瓷套管、导电杆和法兰构成的部件，一般称该部件为套管。

1.5　高压并联电容器产品型号

高压并联电容器产品型号的组成型式如图 2-1-8 所示。

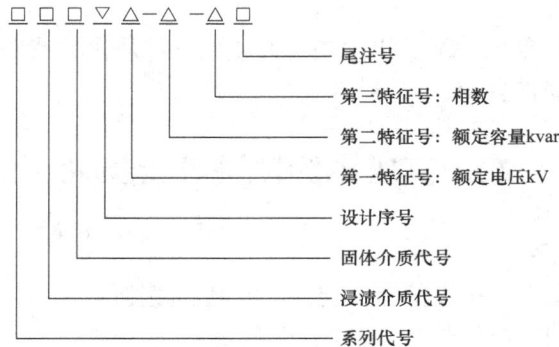

图 2-1-8　高压并联电容器产品型号命名规则

系列代号：B—并联电容器；A—交流滤波电容器；C—串联电容器；D—直流电容器。

浸渍介质代号：A—苄基甲苯。

固体介质代号：M—全膜介质。

设计序号：表示该系列产品型号管理单位登记的先后次序，当设计序号为 1 时可省略不写。

尾注号：用于表示同一规格的产品在使用方面的不同。W—户外使用（户内使用不用字母表示）；G—高原地区使用；TH—湿热带地区使；H—污秽地区使用。

例：BAM11/$\sqrt{3}$-334-1W 表示：并联电容器，苄基甲苯全膜介质，额定电压为 11/$\sqrt{3}$ kV，额定容量为 334kvar，单相，户外使用。

1.6　电容器的运行环境温度

电容器按温度类别分类，每一类别用一个数字后跟一个字母来表示（如–40/A）。其中，数字表示电容器可以运行的最低环境空气温度。电容器可以运行的最低环境空气温度宜从+5、–5、–25、–40、–50℃这 5 个优先值中选取。字母则代表温度变化范围的上限，最高值分别为 40、45、50、55℃，分别用字母 A、B、C、D 来表示。温度类别覆盖的温度范围为–50～+55℃。任何最低和最高值的组合均可选作电容器的标准温度类别，例如：–40/A 或–5/C。

2 高压并联电容器试验基础

本部分规定了标称电压 1kV 及以上高压并联电容器质量检测的试验项目、类型和试验顺序，以及试验环境的要求。

2.1 高压并联电容器试验标准

试验参考标准如下：

GB 311.1 绝缘配合 第 1 部分：定义、原则和规则

GB/T 7354 高电压试验技术 局部放电测量

GB/T 11024.1 标称电压 1000V 以上交流电力系统用并联电容器 第 1 部分：总则

GB/T 11024.2 标称电压 1000V 以上交流电力系统用并联电容器 第 2 部分：老化试验

GB/T 11024.4 标称电压 1000V 以上交流电力系统用并联电容器 第 4 部分：内部熔丝

GB/T 16927.1 高电压试验技术 第 1 部分：一般定义及试验要求

GB/T 16927.2 高电压试验技术 第 2 部分：测量系统

DL/T 604 高压并联电容器装置使用技术条件

DL/T 840 高压并联电容器使用技术条件

DL/T 1774 电力电容器外壳耐受爆破能量试验导则

Q/GDW 13053 国家电网有限公司物资采购标准 电容器卷

2.2 高压并联电容器试验项目、类型和试验顺序

2.2.1 试验项目、类型

高压并联电容器试验项目、类型及主要标准见表 2-2-1。

表 2-2-1 高压并联电容器试验项目、类型及主要标准

序号	试验项目名称	试验类型	试验主要标准
1	外观检查	例行试验	DL/T 840
2	电容测量	例行试验	DL/T 840、GB/T 11024.1
3	电容器损耗角正切（tanδ）测量	例行试验	DL/T 840、GB/T 11024.1
4	端子间电压试验	例行试验	DL/T 840、GB/T 11024.1

序号	试验项目名称	试验类型	试验主要标准
5	端子与外壳间交流电压试验（干式）	例行试验	DL/T 840、GB/T 11024.1
6	端子与外壳间交流电压试验（湿式）	型式试验	DL/T 840、GB/T 11024.1
7	端子与外壳间雷电冲击电压试验	型式试验	DL/T 840、GB/T 11024.1
8	密封性试验	例行试验	DL/T 840、GB/T 11024.1
9	内部放电器件试验	例行试验	DL/T 840、GB/T 11024.1
10	内部熔丝的放电试验	例行试验	DL/T 840、GB/T 11024.1
11	短路放电试验	型式试验	DL/T 840、GB/T 11024.1
12	热稳定性试验	例行试验	DL/T 840、GB/T 11024.1
13	高温下电容器损耗角正切（tanδ）测量	例行试验	DL/T 840、GB/T 11024.1
14	损耗角正切值（tanδ）与温度的关系曲线测定	型式试验	DL/T 840
15	局部放电测量	型式试验	DL/T 840
16	极对壳局部放电熄灭电压测量	型式试验	DL/T 840
17	低温下局部放电试验	型式试验	DL/T 840
18	套管受力试验	型式试验	DL/T 840
19	内部熔丝的隔离试验	型式试验	DL/T 840、GB/T 11024.4
20	外壳爆破能量试验	特殊试验	DL/T 840、GB/T 11024.1、DL/T 1774
21	过电压试验	型式试验	GB/T 11024.1
22	老化试验	特殊试验	GB/T 11024.2

2.2.2 试验顺序

2.2.2.1 电容测量试验顺序要求

最终的电容测量应在电压试验（端子间电压试验和端子与外壳间交流电压试验）之后进行，内部放电器件试验应在端子间电压试验之后进行。

2.2.2.2 套管受力试验顺序要求

如果需要进行套管受力试验，应当在非破坏性电气性能试验测试完成后进行。

2.2.2.3 推荐的试验顺序

（1）外观检查。

（2）电容测量（初测）。

（3）端子间电压试验。

（4）端子与外壳间交流电压试验（干式）。

（5）内部放电器件试验/放电器件检查。

（6）电容测量（终测）。

（7）电容器损耗角正切（tanδ）测量。

（8）密封性试验。

（9）内部熔丝的放电试验。

（10）端子与外壳间交流电压试验（湿式）。

（11）端子与外壳间雷电冲击电压试验。

（12）短路放电试验。

（13）热稳定性试验（3台试品同时试验）。

（14）高温下电容器损耗角正切（tanδ）测量。

（15）损耗角正切值（tanδ）与温度的关系曲线测定。

（16）局部放电测量。

（17）极对壳局部放电熄灭电压测量。

（18）低温下局部放电试验。

（19）过电压试验（在其中一台型式试验试品上进行，或在单独的试验单元上进行）。

（20）套管受力试验。

（21）内部熔丝的隔离试验（破坏性试验，在型式试验试品上进行的最后一项试验）。

（22）外壳爆破能量试验（属于特殊试验，单独在特殊处理过的试品上进行）。

（23）老化试验（属于特殊试验，在单独的试品上进行）。

可以不在同一电容器上进行全部型式试验；特殊试验试品数量见试验方法；除非另有规定，每一台拟用来进行型式试验的试品应为经例行试验合格的电容器。除本教材2.2.2.1和2.2.2.2中明确要求外，其他试验项目的顺序不是强制的。

2.3　电容器试验设施和环境要求

2.3.1　试验环境温度要求

（1）除对特定的试验或测量另有规定外，电容器电介质的温度应为+5～+35℃。

（2）当需要进行校正时，采用的参考温度为+20℃，但制造方和购买方之间另有协议时除外。

（3）如果电容器处于不通电状态，在恒定环境温度中放置了适当长的时间，则可认为电容器的电介质温度与环境温度相同。

2.3.2　试验电源要求

如果没有其他规定，则无论电容器的额定频率如何，交流试验和测量均应在50Hz的频率下进行。试验电压的波形和偏差应符合GB/T 16927.1—2011中第6.2.1条的要求。

2.3.3　其他要求

2.3.3.1　大气修正因素

外绝缘破坏性放电电压与试验时的大气条件有关。通常，给定空气放电路径的破坏性放电电压随着空气密度或湿度的增加而升高；但当相对湿度大于 80% 时，破坏性放电会变得不规则，特别是当破坏性放电发生在绝缘表面时。因此，必须将标准参考条件下规定的试验电压换算到试验条件下的电压值，换算公式如式（2-2-1）所示。标准参考大气条件为：温度 $t_0=20℃$，气压 $p_0=101.3kPa$，湿度 $h_0=11g/m^3$。做电压修正首先要测得试验时的环境温度 t（℃）、气压 p（kPa）、相对湿度 R、试品最小放电路径 L（m），明确试品标准耐受电压 U_e（kV）。

$$U_t = U_e K_t \tag{2-2-1}$$

式中：

U_t——试验期间施加在试品外绝缘上的电压；

K_t——大气修正因数。对于干试验，K_t 是空气密度修正因数 k_1 和湿度修正因数 k_2 的乘积，即 $K_t=k_1k_2$。

空气密度修正因数 k_1，取决于相对空气密度 δ，一般可表达为式（2-2-2）和式（2-2-3）。

$$k_1 = \delta^m \tag{2-2-2}$$

$$\delta = \frac{p}{p_0} \times \frac{273+t_0}{273+t} \tag{2-2-3}$$

湿度修正因数 k_2 的表达式为式（2-2-4）。

$$k_2 = k^w \tag{2-2-4}$$

其中，k 取决于试验电压类型并由绝对湿度 h 与相对空气密度 δ 的比率来求得，对于直流电压、交流电压、冲击电压，k 的计算公式分别如式（2-2-5）～式（2-2-7）所示。

$$k = 1 + 0.014(h/\delta - 11) - 0.00022(h/\delta - 11)^2，\text{适用于} 1g/m^3 < h/\delta < 15g/m^3 \tag{2-2-5}$$

$$k = 1 + 0.012(h/\delta - 11)，\text{适用于} 1g/m^3 < h/\delta < 15g/m^3 \tag{2-2-6}$$

$$k = 1 + 0.010(h/\delta - 11)，\text{适用于} 1g/m^3 < h/\delta < 20g/m^3 \tag{2-2-7}$$

绝对湿度 h 取决于相对湿度 R 和环境温度 t，可表达为式（2-2-8）：

$$h = \frac{6.11 \times R \times e^{\frac{17.6t}{273+t}}}{0.4615 \times (273+t)} \tag{2-2-8}$$

空气密度修正指数 m 和湿度修正指数 w 与参数 g 有关，如式（2-2-9）所示。

$$g = \frac{U_{50}}{L\delta k} \tag{2-2-9}$$

式中：

U_{50}——实际大气条件时的 50% 破坏性放电电压值（测量值或估算值），kV。耐受试验时无法得到 50% 破坏性放电电压的估算值，此时 U_{50} 可假定为试验电压值 U_0 的 1.1 倍。

指数 m 和 w 可由表 2-2-2 中 g 的范围得到。

表 2-2-2 空气密度修正指数 m 和湿度修正指数 w 与参数 g 的关系

g	m	w
<0.2	0	0

续表

g	m	w
0.2～1.0	g（g-0.2）/0.8	g（g-0.2）/0.8
1.0～1.2	1.0	1.0
1.2～2.0	1.0	（2.2-g）（2-g）/0.8
>2.0	1.0	0

　　湿试验程序的目的是模拟自然雨对外绝缘的影响。建议对所有类型的设备进行所有类型的电压试验。对于户外使用的电容器单元，在淋雨条件下进行试验时，套管的位置应与运行时的位置相一致。

　　应该用规定的电阻率和温度的水（见表2-2-3）喷射试品，落到试品上的水应成滴状（避免雾状），并控制喷射角度使其垂直和水平分量大致相等。用量雨器测量雨量，量雨器应具有两个隔开的开口均为100～750cm 的容器；一个开口测水平分量，另一个开口测垂直分量，垂直的开口面对淋雨方向。

表 2-2-3　标准湿试验程序的淋雨条件

试验指标		单位	数值
所有测量点的 平均淋雨率	垂直分量	mm/min	1.0～2.0
	水平分量	mm/min	1.0～2.0
单独每次测量和每个分量的极限值		mm/min	平均值±0.5
雨水温度		℃	周围环境温度±15
雨水电导率		μS/cm	100±15

　　湿试验时应进行空气密度修正，但不进行湿度修正，即 $K_t = k_1$，对于最高电压 U_m 低于72.5kV（或间隙距离 $l<0.5$m）的设备，目前不规定进行湿度修正。

2.3.3.2　通用要求

（1）足够的空间和合理的布局。

（2）不同功能区域划分清晰，易于识别。

（3）充足的光照条件。

（4）工作区域、试验台等配置必要的防静电材料。

（5）可靠的接地系统。

2.3.4　特殊环境要求

　　对于安装在海拔1000m以下的电容器，在海拔不高于1000m的条件下试验时，所有的外部绝缘试验电压不需进行海拔修正。

　　对于安装在海拔1000m以上的电容器，在海拔不高于1000m的条件下试验时，所有绝缘要求均应乘以表 2-2-4 中所列的海拔修正因数，来确定外绝缘性能。例如交流干试验、交流湿试验和雷电冲击试验电压，以保证高海拔下绝缘的耐受性能达到指标。

海拔修正因数 K_a 计算如式（2-2-10）所示。

$$K_a = e^{\frac{H-1000}{8150}}$$ （2-2-10）

式中：

H——设备安装地点的海拔，m。

表 2-2-4　常见海拔对应的海拔修正系数

序号	海拔 H（m）	海拔修正系数 K_a
1	1000	1.00
2	1500	1.06
3	2000	1.13
4	2500	1.20
5	3000	1.28
6	3500	1.36
7	4000	1.44
8	4500	1.54

3　高压并联电容器试验方法和要求

本部分规定了标称电压 1kV 及以上高压并联电容器质量检测的试验方法和要求。

3.1　外　观　检　查

3.1.1　试验目的

通过目测和测量电气距离的方式对电容器外观尺寸情况进行判断，检查产品外部金属部分防腐蚀层是否符合技术要求以及接地结构是否牢靠等。

3.1.2　试验设备

推荐的试验设备要求见表 2-3-1。

表 2-3-1　试验设备一览表（推荐）

序号	设备名称	设备关键参数和要求
1	纤维卷尺	测量范围：0～3m； 准确度等级：不低于 2 级

3.1.3　试验方法

3.1.3.1　试验一般要求

（1）目测检查套管及箱壳，应无损伤、变形，无渗漏油，金属件表面油漆应完整、没有腐蚀。

（2）测量电气距离，包括端子对外壳导电距离、端子中心距离和套管表面爬电距离，应符合标准要求。

3.1.3.2　电气距离的测量

（1）检查电容器套管爬电距离时，应采用不会伸长的胶布带（或金属丝），在套管的两电极间，沿绝缘件表面量得的最短距离。

（2）检查电容器端子对外壳导电距离，应采用钢卷尺或游标卡尺，在其中一只套管的电极和电容器外壳之间，测量最短空气距离。

（3）检查电容器端子中心距离，应采用钢卷尺或游标卡尺，测量两个套管端子导电杆之间的最短空气距离。

3.1.4　结果判定

外观检查结果应符合技术协议及 DL/T 840—2016 中相应要求，参见表 2-3-2。

表 2-3-2　电气距离要求

电容器额定电压	电气距离（m）	
	端子间中心距	端子与外壳导电部分间距
≤10kV	≥0.20	≥0.20
20kV	≥0.30	≥0.30

3.1.5　注意事项

应注意识别电容器产品铭牌上的型号信息，如图 2-3-1 所示。如型号为 BAM11/$\sqrt{3}$ -334-1W 的电容器，其含义：B 表示并联电容器；A 表示浸渍剂为苄基甲苯；M 表示固体介质为聚丙烯薄膜；11/$\sqrt{3}$ 表示电容器的额定电压为 11/$\sqrt{3}$ =6.35kV，其系统电压等级为 10kV 或 20kV；334 表示电容器的额定容量为 334kvar；1W 表示单相、户外使用。绝缘水平 42/75kV，表示工频耐受电压值为 42kV，雷电冲击耐受电压值为 75kV。温度类别 –40/50℃，表示电容器运行的下限环境温度为 –40℃，上限环境温度为 50℃。

铭牌上标注的实测电容值非额定电容值。注意识别产品有无内部熔丝（图 2-3-1 为电容器产品铭牌型号信息图）。

高压并联电容器

BAM11/$\sqrt{3}$-334-1W		标准代号	GB/T 11024—2019
额定电压	11/$\sqrt{3}$　　kV	出厂序号	230070023
额定电流	52.59　　A	放电器件	 ▭
额定容量	334　　kvar	内部熔丝	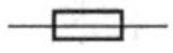 ▭
额定频率	50　　Hz	温度类别	–40/50　℃
实测电容	26.24　　μF	重量	57　　kg
绝缘水平	42/75　　kV	制造日期	2023.04

图 2-3-1　电容器产品铭牌型号信息图

3.1.6　试验实例

3.1.6.1　试验照片

高压并联电容器外观尺寸测量示意如图 2-3-2 所示。

3.1.6.2　试验记录

高压并联电容器外观检查试验记录见表 2-3-3。

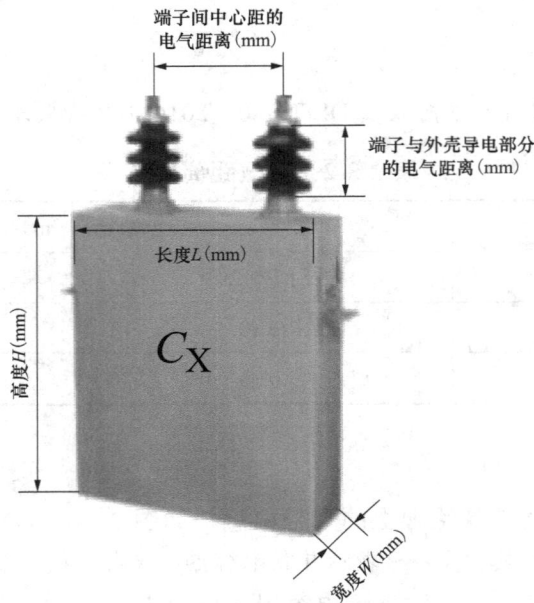

图 2-3-2 高压并联电容器外观尺寸测量示意图

表 2-3-3 外观检查试验记录（参考示例）

试品编号	标识	接地端子	连接件	套管	防腐层	金属外表面油漆	端子与外壳导电部分的电气距离（mm）	端子间中心距的电气距离（mm）	套管表面爬电距离（mm）
001	清晰	良好	齐全	完好	良好	完好	236	224	654
002	清晰	良好	齐全	完好	良好	完好	235	223	655
003	清晰	良好	齐全	完好	良好	完好	236	223	655
规定值	—	—	—	—	—	—	≥200	≥200	—

试验结论：合格/不合格。

3.2 电容测量及电容器损耗角正切（tanδ）测量

3.2.1 试验目的

3.2.1.1 电容测量的目的
（1）作为产品制造过程的质量控制试验。
（2）作为与现场其他测量试验数据比较的基础。
控制电容偏差的目的：在电容器组中，当电容器单元串联使用时，将各单元上分布电压的差别控制在一定的范围内；将三相电容的不平衡控制在一定的范围内；电容器组无功容量达到设计的要求；满足继电保护的要求。

3.2.1.2 电容器损耗角正切（tanδ）测量目的

损耗是标志电容器介质基本性能和状态的一项重要指标，也能在一定程度上反映制造工艺的优劣。另外，内熔丝或放电电阻的接入，也会使电容器损耗增大。因此有必要通过测量损耗角正切值来判断电容器的质量并表征电容器的有功损耗。

3.2.2 试验设备

推荐的试验设备要求见表 2-3-4。

表 2-3-4　试验设备一览表（推荐）

序号	设备名称	设备关键参数和要求
1	大容量工频电压试验系统（配套补偿电抗器）	电压测量范围应不小于 0～50kV； 分压器测量准确度应不低于 1 级
2	高压电桥	电容测量范围应不小于 3pF～20mF； 电容器损耗角正切（tanδ）测量范围应不小于 –100%～110%； 测量准确度等级应不低于 0.001 级

3.2.3 试验方法

3.2.3.1 试验一般要求

对于初测电容，可采用电容表或电桥法（在不高于 $0.15U_N$ 的电压下进行）测量。

对于电容复测和电容器损耗角正切（tanδ）测量，采用电桥法进行测量，测量电压为 $0.9\sim1.1U_N$。

3.2.3.2 试验接线原理图

电容测量和电容器损耗角正切（tanδ）测量同时进行，测量原理如图 2-3-3 所示。

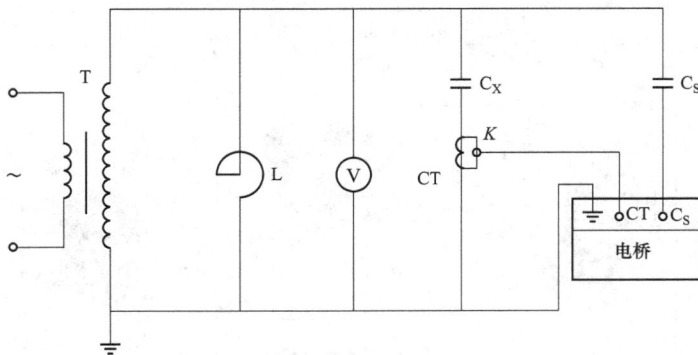

图 2-3-3　电容测量和电容器损耗角正切（tanδ）测量原理图

T—试验变压器；L—电抗器；C_X—试品；V—电压测量系统；CT—电流比较仪；C_S—标准电容器

3.2.3.3 试验过程

采用高压电桥测量电容的试验过程如下：

（1）根据试验电压和试品额定电容量（试验前，可用电容表粗测电容量，作为辅助判断），选取合适的励磁变压器档位和补偿电抗器档位。

（2）根据试品电容值和试验电压要求值，计算流经试品和标准电容器的电流值。由于并联电容器的电容量较大，试验时必须接入电流比较仪（又名量程扩展器），电流比较仪选取合适变比。

（3）试验时，缓慢升高电压，观察励磁变压器电流，调增或调减补偿电抗器的容量，至回路达到谐振点。

（4）升压至 $0.1U_N$，读取电容初测值。

（5）升压至试验电压要求值，记录试验电压和高压电桥测量数据。

3.2.4 结果判定

实测电容 C_X 与额定电容 C_N 的偏差不应超过 –3%～+5%。

电容器损耗角正切（$\tan\delta$）应不大于 0.03%。

电容偏差计算公式如式（2-3-1）所示。

$$\Delta C = 100 \times \frac{C_X - C_N}{C_N} \qquad (2\text{-}3\text{-}1)$$

3.2.5 注意事项

计算的流经高压电桥上的 C_N 和 C_X 端子的电流值必须符合高压电桥的技术条件，以防止过电流导致高压电桥损坏。

3.2.6 试验实例

3.2.6.1 试验照片

电容测量和电容器损耗角正切（$\tan\delta$）测量同时进行，接线示意图如图 2-3-4 所示。

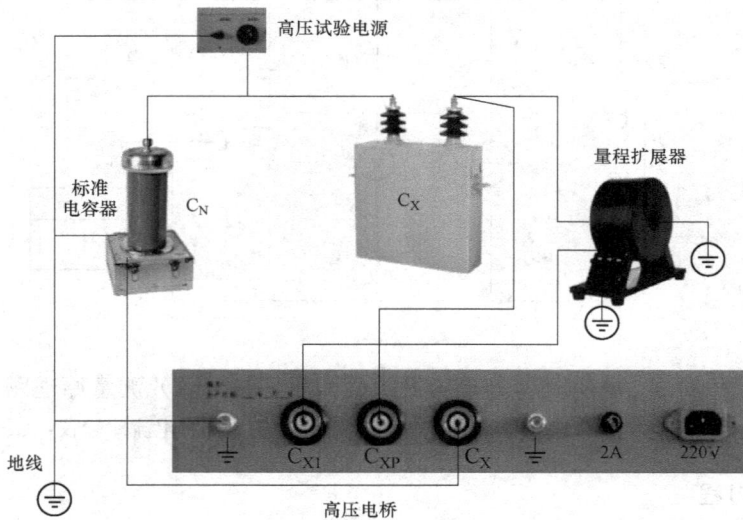

图 2-3-4　电容测量和电容器损耗角正切（$\tan\delta$）测量接线示意图

3.2.6.2 试验记录

高压并联电容器电容测量及电容器损耗角正切（tanδ）测量试验记录见表 2-3-5。

表 2-3-5 电容测量及电容器损耗角正切（tanδ）测量试验记录（参考示例）

初测：环境温度：___20___℃　　湿度：___60.8___%　　气压：___100.6___kPa

复测：环境温度：___20___℃　　湿度：___60.8___%　　气压：___100.6___kPa

试品编号	初 测			复 测			
	测量电压（有效值，kV）	电容（μF）	电容偏差（%）	测量电压（有效值，kV）	电容（μF）	电容偏差（%）	tanδ（%）
001	0.57	59.3090	−0.84	6.87	59.3910	−0.70	0.0191
002	0.65	59.1095	−1.17	6.82	59.1760	−1.06	0.0169
003	0.67	59.0362	−1.29	6.73	59.1081	−1.17	0.0169
规定值	$\leq 0.15 U_N$	59.81	−3%～+5%	$(0.9\sim1.1)U_N$	59.81	−3%～+5%	≤0.03

注：以下若无特殊说明，电容测量结果均为在室温下测得。

试验结论：合格/不合格。

3.3 端子间电压试验

3.3.1 试验目的

端子间电气强度是规定和考核电容器端子间绝缘承受电压能力的指标，通过端子间电压试验检测电容器的短时耐受电压能力。

3.3.2 试验设备

推荐的试验设备要求见表 2-3-6。

表 2-3-6 试验设备一览表（推荐）

序号	设备名称	设备关键参数和要求
1	大容量工频电压试验系统（配套补偿电抗器）	电压测量范围应不小于 0～50kV；分压器测量准确度应不低于 1 级
2	数字电容表	电容测量范围应不小于 200pF～200μF；测量不确定度应不大于 0.2%

3.3.3 试验方法

3.3.3.1 试验一般要求

电容器极间介质应能承受交流电压 $2.15U_N$ 的试验，历时 10s。试验期间，试验中不应发生击穿或闪络。

3.3.3.2 试验接线原理图

端子间电压试验的接线原理图如图 2-3-5 所示。

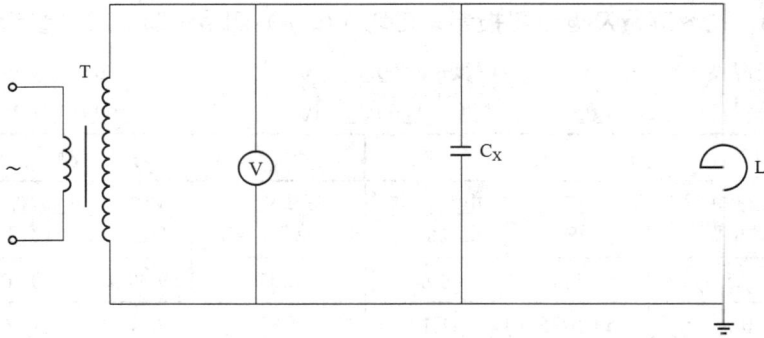

图 2-3-5 端子间电压试验接线原理图

T—试验变压器；C_X—试品；L—电抗器；V—电压测量系统

3.3.3.3 试验过程

按 GB/T 16927.1 规定在电容器极间施加工频交流电压。电容器极间介质应能承受工频交流电压等于 $2.15U_N$ 的试验电压，历时 10s。

3.3.4 结果判定

按照标准要求，端子间电压试验应能承受 $2.15U_N$ 交流电压，历时 10s。如采购技术规范或采购合同中另有规定，按采购技术规范或采购合同的要求进行判定。

试验前后电容变化应小于相当于一个元件击穿或一根内部熔丝动作之量。

3.3.5 注意事项

试验期间，观察电容器内部是否有异常声音。

3.3.6 试验实例

3.3.6.1 接线示意图

端子间电压试验接线示意图如图 2-3-6 所示。

3.3.6.2 试验记录

高压并联电容器端子间电压试验记录见表 2-3-7。

表 2-3-7 高压并联电容器端子间电压试验记录（参考示例）

环境温度：___25.2___℃　　　湿度：___60.8___%　　　气压：___100.6___ kPa

试品编号	试验电压值（有效值，kV）	耐受时间（s）	电容量（μF）			试验结果
			耐压前	耐压后	变化量	
001	14.26	10	59.2	59.2	0	无闪络或击穿

试品编号	试验电压值（有效值，kV）	耐受时间（s）	电容量（μF）			试验结果
			耐压前	耐压后	变化量	
002	14.23	10	59.1	59.1	0	无闪络或击穿
规定值	$2.15U_N$	10	—	—	<1.15	不应发生闪络或击穿

试验结论：合格/不合格。

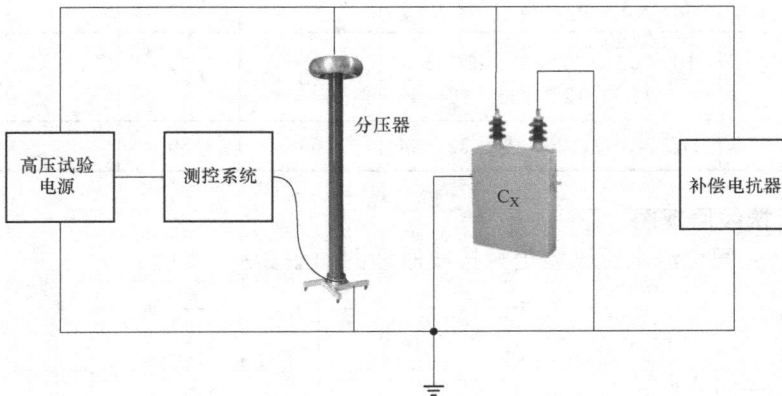

图 2-3-6 端子间电压试验接线示意图

3.4 端子与外壳间交流电压试验（干式）

3.4.1 试验目的

检查端子与外壳之间绝缘水平是否有缺陷。

3.4.2 试验设备

推荐的试验设备要求见表 2-3-8。

表 2-3-8 试验设备一览表（推荐）

序号	设备名称	设备关键参数和要求
1	工频电压试验系统	额定频率：50Hz； 额定容量：应不低于 100kVA； 输出电压：应不低于 200kV

3.4.3 试验方法

3.4.3.1 一般要求

电容器端子与外壳的绝缘水平要求见表 2-3-9。

所有端子均与外壳绝缘的电容器单元连接在一起，试验电压应施加在端子（连接在一起）与外壳之间，历时 60s。试验期间，应既不发生击穿也不发生闪络。

表 2-3-9　电容器端子与外壳的绝缘水平

系统标称电压（方均根值，kV）	电容器额定电压（kV）	工频耐受电压（有效值，kV）		(1.2～5)/50μs 雷电冲击耐受电压（峰值）（kV）
		干试验	湿试验	
6	$6.3/\sqrt{3}$、$6.6/\sqrt{3}$、$7.2/\sqrt{3}$	25	25	60
10	$10.5/\sqrt{3}$、$11/\sqrt{3}$、$12/\sqrt{3}$、$11/2$、$12/2$、11、12	42	35	75
20	$21/2$、$23/2$、20、21、22、24	65	50	125

3.4.3.2　试验接线原理图

端子与外壳间交流电压试验电源接线原理图如图 2-3-7 所示。

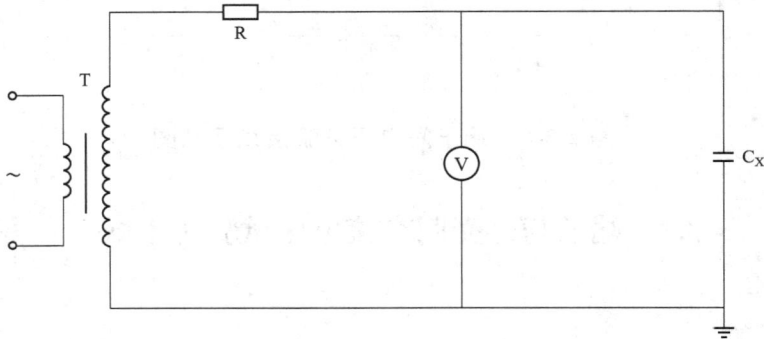

图 2-3-7　端子与外壳间交流电压试验电源接线原理图
T—试验变压器；C_X—试品；R—保护电阻；V—电压测量系统

3.4.3.3　试验过程

试验过程如下：

（1）根据电容器产品铭牌上提供的绝缘水平参数和适用海拔高度，计算出应施加试验电压值。

（2）加压至试验电压要求值，进行耐压试验，持续 60s。

3.4.3.4　试验电压换算

已知标准大气环境条件下的试验电压为 U_e，实际大气环境条件下的试验电压为 U_t，二者的换算关系如式（2-3-2）所示。

$$U_t = U_e \times K_a \times K_t \qquad (2\text{-}3\text{-}2)$$

式中：

U_t——试验电压（有效值），kV；

U_e ——标准电压（有效值），kV；

K_a ——海拔修正因数；

K_t ——大气修正因数。

3.4.4 结果判定

试验期间，应既不发生击穿也不发生闪络。

3.4.5 注意事项

施加的试验电压为交流有效值，要分别进行海拔系数修正与大气系数修正，修正系数计算方法详见本书专业部分 2.3 节。

3.4.6 试验实例

3.4.6.1 接线示意图

端子与外壳间交流电压试验接线示意图如图 2-3-8 所示。

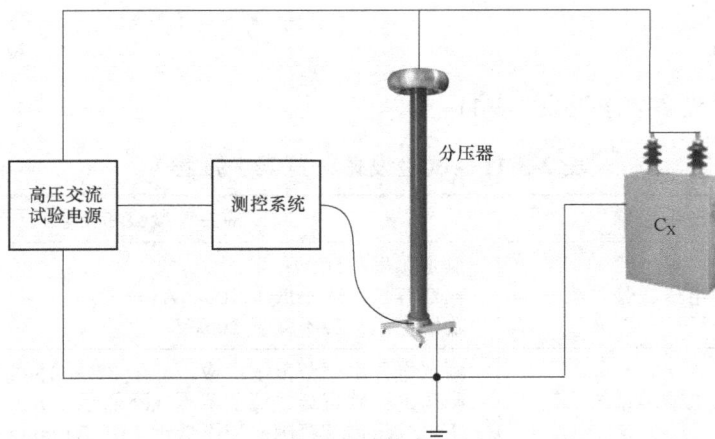

图 2-3-8 端子与外壳间交流电压试验接线示意图

3.4.6.2 试验记录

高压并联电容器端子与外壳间交流电压试验（干式）记录见表 2-3-10。

表 2-3-10 高压并联电容器端子与外壳间交流电压试验
（干式）记录（参考示例）

环境温度：___25.2___℃　　　湿度：___60.8___%　　　气压：___100.6___kPa

试品编号	试验电压值（有效值，kV）	校正值（有效值，kV）	耐受时间（min）	试验结果
001	42.62	42.53	1	无闪络或击穿
002	42.55	42.47	1	无闪络或击穿

试品编号	试验电压值 （有效值，kV）	校正值 （有效值，kV）	耐受时间 （min）	试验结果
规定值	—	42	1	不应发生闪络或击穿

注：适用海拔：≤1000m；海拔修正因数 K_a=1.000；试品最小放电路径 L=0.24m；大气修正因数 K_t = 1.002。

试验结论：合格/不合格。

3.5 端子与外壳间交流电压试验（湿式）

3.5.1 试验目的

测量户外淋雨环境下，绝缘条件是否满足要求。

3.5.2 试验设备

推荐的试验设备要求见表 2-3-11。

表 2-3-11 试验设备一览表（推荐）

序号	设备名称	设备关键参数和要求
1	工频电压试验系统	额定频率：50Hz； 额定容量：应不低于 100kVA； 输出电压：应不低于 200kV
2	人工喷淋系统	雨水电导率调节范围：应不低于 85～115μS/cm； 降雨量：垂直分量调节范围应不低于 1.0～2.0mm/min； 水平分量调节范围：应不低于 1.0～2.0mm/min；

3.5.3 试验方法

3.5.3.1 一般要求

所有端子均与外壳绝缘的电容器单元连接在一起，在淋雨条件下，试验电压应施加在端子（连接在一起）与外壳之间，历时 60s。试验期间，应既不发生击穿也不发生闪络。

3.5.3.2 试验接线原理图

试验接线示意图如图 2-3-8 所示。

3.5.3.3 试验过程

试验过程如下：

（1）根据电容器产品铭牌上提供的绝缘水平参数和适用海拔高度，计算出湿试验时应施加试验电压值。

（2）试品在喷淋条件下，加压至试验电压要求值，进行耐压试验，持续 60s。

3.5.3.4 试验电压换算

已知标准大气环境条件下的试验电压为 U_e，实际大气环境条件下的试验电压为 U_t，二者的换算关系如式（2-3-3）所示。

$$U_t = U_e \times K_a \times k_1 \qquad (2\text{-}3\text{-}3)$$

式中：

U_t ——试验电压（有效值），kV；

U_e ——标准电压（有效值），kV；

K_a ——海拔修正因数；

k_1 ——空气密度修正因数。

3.5.4 结果判定

试验期间，应既不发生击穿也不发生闪络。

3.5.5 注意事项

施加的试验电压为交流有效值，要分别进行海拔系数修正与空气密度系数修正，修正系数计算方法详见本书专业部分 2.3 节。

3.5.6 试验实例

3.5.6.1 接线示意图

端子与外壳间交流电压试验（湿式）接线示意图如图 2-3-9 所示。

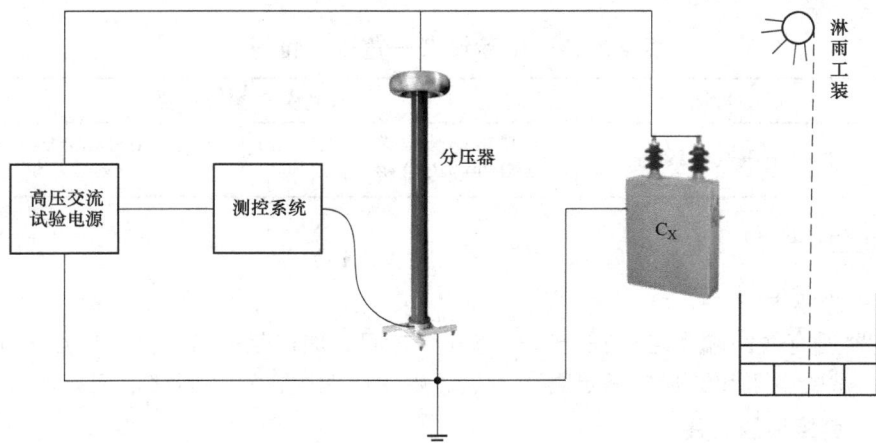

图 2-3-9 端子与外壳间交流电压试验（湿式）接线示意图

3.5.6.2 试验记录

高压并联电容器端子与外壳间交流电压试验（湿式）记录见表 2-3-12。

表 2-3-12　高压并联电容器端子与外壳间交流电压试验
（湿式）记录（参考示例）

环境温度：　25.6　℃　　　湿度：　64.5　%　　　气压：　100.3　kPa

试品编号	试验电压值（有效值，kV）	校正值（有效值，kV）	耐受时间（min）	试验结果
001	50.36	50.56	1	无闪络或击穿
002	50.44	50.64	1	无闪络或击穿
规定值	—	50	1	不应发生闪络或击穿

注　1．适用海拔≤1000m；海拔修正因数 K_a=1.000；试品最小放电路径 L=0.24m；空气密度修正因数 k_1=0.996。

　　2．雨水电导率 ρ_{20}=99.8μS/cm，降雨量：垂直分量=1.40mm/min，水平分量=1.60mm/min。

试验结论：合格/不合格。

3.6　端子与外壳间雷电冲击电压试验

3.6.1　试验目的

雷电冲击电压试验适用于拟与中性点绝缘且与架空线相连接的电容器组中的电容器单元，通过雷电冲击试验检验试品端子与外壳之间的绝缘能力是否满足现场要求。

3.6.2　试验设备

推荐的试验设备要求见表 2-3-13。

表 2-3-13　试验设备一览表（推荐）

序号	设备名称	设备关键参数和要求
1	冲击电压试验系统	测量雷电波要求：（1.2～5）μs/50μs，0～300kV；测量准确度等级：应不低于2

3.6.3　试验方法

3.6.3.1　一般要求

电容器所有线路端子连接在一起，与外壳之间施加规定的雷电冲击电压，正负极性各 15 次，试验电压和波形应满足要求，试验中不应发生击穿或闪络。

3.6.3.2　试验接线原理图

端子与外壳间雷电冲击电压试验接线原理图如图 2-3-10 所示。

3.6.3.3　试验过程

端子与外壳间雷电冲击电压试验过程如下：

（1）根据电容器产品铭牌上提供的绝缘水平参数和适用海拔，计算出应施加试验电压。

（2）根据雷电冲击电压发生器的充电效率（经验值），推算出试验电压需要的充电电压，正负极性各进行 15 次雷电冲击电压试验。

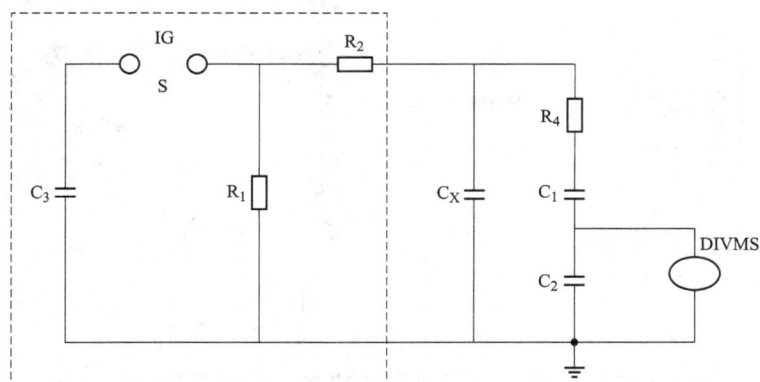

图 2-3-10　端子与外壳间雷电冲击电压试验接线原理图

IG—冲击发生器；R_4—阻尼电阻；C_3—主电容；C_1—高压臂电容；S—点火球距；

C_2—低压臂电容；R_1—波尾电阻；C_X—试品；R_2—波头电阻；DIVMS—冲击电压测量系统

3.6.3.4　试验电压换算

已知标准大气环境条件下的试验电压为 U_e，实际大气环境条件下的试验电压为 U_t，二者的换算关系如式（2-3-4）所示。

$$U_t = U_e \times K_a \times K_t \tag{2-3-4}$$

式中：

U_t ——试验电压（峰值），kV；

U_e ——标准电压（峰值），kV；

K_a ——海拔修正因数；

K_t ——大气修正因数。

3.6.4　结果判定

试验电压和波形应满足要求，试验中应不发生击穿或闪络。

3.6.5　注意事项

施加的试验电压应分别进行海拔和大气修正，修正系数计算方法详见本书专业部分 2.3 节。

试验波形要满足（1.2～5）μs/50μs，即波头时间可延长至 5μs，波尾时间为 50μs±20%。

3.6.6　试验实例

3.6.6.1　接线示意图

端子与外壳间雷电冲击电压试验接线示意图如图 2-3-11 所示。

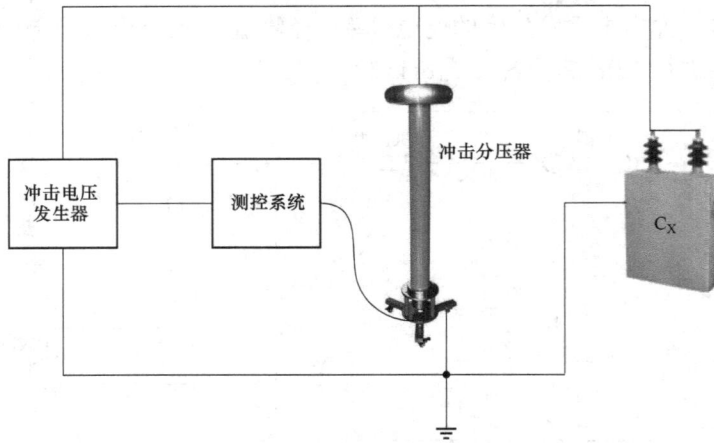

冲击电压发生器

测控系统

冲击分压器

C_X

图 2-3-11　端子与外壳间雷电冲击电压试验接线示意图

3.6.6.2　试验记录

高压并联电容器端子与外壳间雷电冲击电压试验记录见表 2-3-14。

表 2-3-14　高压并联电容器端子与外壳间雷电冲击电压试验记录（参考示例）

环境温度：__34.2__ ℃　　　　湿度：__68.2__ %　　　　气压：__100.1__ kPa

规定值（U_e，峰值，kV）		75	应施加电压值（$U_e \times K_t \times K_a$，峰值，kV）	76.35
试品编号		001	001	
正极性	试验电压值（峰值，kV）	负极性	试验电压值（峰值，kV）	
第 1 次	77.67	第 1 次	−76.81	
第 2 次	78.10	第 2 次	−76.91	
第 3 次	78.24	第 3 次	−77.22	
第 4 次	78.15	第 4 次	−77.31	
第 5 次	77.81	第 5 次	−77.61	
第 6 次	77.71	第 6 次	−77.77	
第 7 次	78.45	第 7 次	−77.31	
第 8 次	78.70	第 8 次	−76.95	
第 9 次	78.36	第 9 次	−77.34	
第 10 次	77.91	第 10 次	−77.31	
第 11 次	77.72	第 11 次	−77.60	
第 12 次	77.72	第 12 次	−77.29	
第 13 次	78.17	第 13 次	−76.87	
第 14 次	78.31	第 14 次	−77.21	

规定值（U_e，峰值，kV）		75	应施加电压值（$U_e \times K_t \times K_a$，峰值，kV）	76.35
试品编号		001	001	
正极性	试验电压值（峰值，kV）		负极性	试验电压值（峰值，kV）
第 15 次	78.21		第 15 次	−77.27
电压范围	77.67～78.70		电压范围	−76.81～ -77.77
试验结果	无闪络、无击穿			

注 1. 试品最小放电路径 L=0.296m；大气修正因数 K_t=1.018；适用海拔≤1000m；海拔修正因数 K_a=1.000。

  2. 应附试验波形。

试验结论：合格/不合格。

3.7 密 封 性 试 验

3.7.1 试验目的

密封性能是保证电容器内的浸渍剂不向外渗漏、外部的空气和潮气不进入电容器内部、介质性能不过早劣化的重要特性。密封性试验是检验高压并联电容器密封性能是否良好的试验，可防止运行时渗漏油的发生。

3.7.2 试验设备

推荐的试验设备要求见表 2-3-15。

表 2-3-15 试验设备一览表（推荐）

序号	设备名称	设备关键参数和要求
1	高温试验箱	温度范围：应不低于+20～+100℃； 温度测量准确度：应不低于 0.3℃
2	温度巡检仪	温度范围：应不低于-40～+100℃； 温度测量准确度：应不低于 0.2℃

3.7.3 试验方法

3.7.3.1 一般要求

将未通电的电容器放入烘箱中加热，加热至试品外壳温度为 75～80℃，在此温度下保持 4h，4h 内电容器温度变化应小于 1K，且无渗漏油现象。

3.7.3.2 试验过程

将未通电的试品放入烘箱内，在外壳中心线距底 2/3 的中心处固定热电偶探头，通体加热到规定温度并保持规定时间，记录下烘箱和电容器外壳温度，检查电容器套管及外壳有无渗漏油现象。

3.7.4 结果判定

电容器套管及外壳应无渗漏油现象。

3.7.5 试验实例

3.7.5.1 接线示意图

密封试验示意图如图 2-3-12 所示。

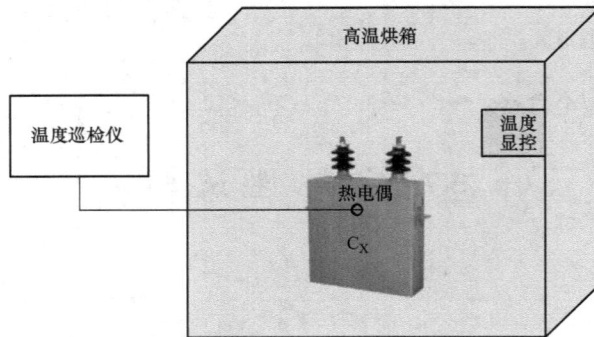

图 2-3-12 密封试验示意图

3.7.5.2 试验记录

高压并联电容器密封性试验记录见表 2-3-16。

表 2-3-16 高压并联电容器密封性试验记录（参考示例）

环境温度：___34.2___℃   湿度：___68.2___ %   气压：___100.1___ kPa

试品编号	试品壳温（℃）	保持时间（h）	试验情况
001	77.9	8	无渗漏油现象
002	77.8	8	无渗漏油现象
规定值	75～80	≥4	应无渗漏油现象

试验结论：合格/不合格。

3.8 内部放电器件试验

3.8.1 试验目的

电容器单元内部装设的放电器件为电阻，它们可使电容器断开电源后，极间的剩余电压在规定时间下降到规定值，内部放电器件试验可以检测电容器能否自行放电，避免空间电荷堆积导致触电事故。

3.8.2 试验设备

推荐的试验设备要求见表 2-3-17。

表 2-3-17 试验设备一览表（推荐）

序号	设备名称	设备关键参数和要求
1	残余电压测量装置	直流电压测量范围：应不小于 0～30kV； 测量不确定度：应不小于 2%

3.8.3 试验方法

3.8.3.1 一般要求

电容器内部放电元件，应能使电容器断开电源后，剩余电压在 10min 内由 $\sqrt{2}\ U_N$ 下降至 50V 以下。

3.8.3.2 接线原理图

内部放电器件试验接线原理图如图 2-3-13 所示。

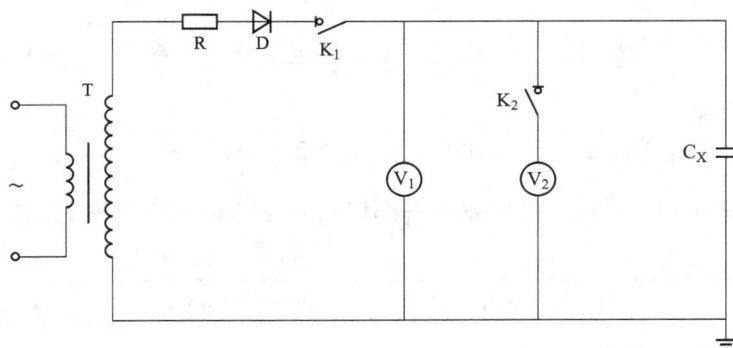

图 2-3-13 内部放电器件试验接线原理图

T—试验变压器；C_X—试品；R—保护电阻；K_1、K_2—开关；D—整流硅堆；V_1、V_2—电压测量系统

3.8.3.3 试验过程

闭合高压开关 K_1，对电容器端子间施加直流电压，直至达到规定电压值 $\sqrt{2}\ U_N$ 后，断开 K_1 的瞬间闭合高压开关 K_2，监测电容器自放电时的电压，计时 10min，计时结束时记录端子间剩余电压。

3.8.4 结果判定

端子间剩余电压经过 10min 自放电后下降至 50V 以下。

3.8.5 注意事项

测量电容器端子间剩余电压，建议使用绝缘水平高于所施电压的直流高压测量仪器

（如残余电压测量装置），避免因内部放电器件异常导致设备损坏；如采用万用表之类的仪器仪表进行测量，测试人员务必穿戴 10kV 及以上绝缘等级的绝缘鞋和绝缘手套，避免因内部放电器件异常导致人员安全事故。

3.8.6 试验实例

3.8.6.1 接线示意图

内部放电器件接线示意图如图 2-3-14 所示。

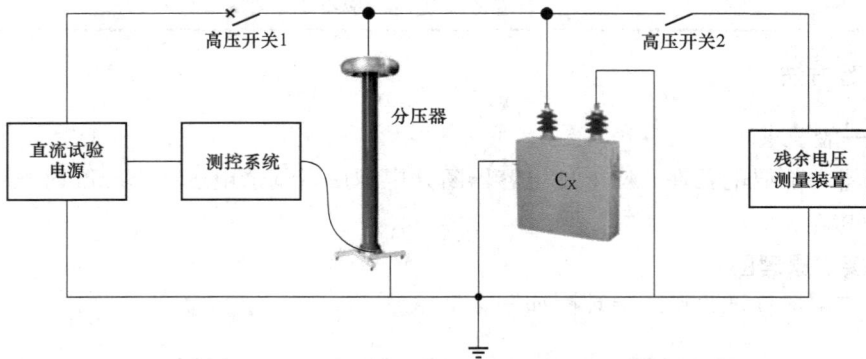

图 2-3-14 内部放电器件试验接线示意图

3.8.6.2 试验记录

高压并联电容器内部放电器件试验记录见表 2-3-18。

表 2-3-18 高压并联电容器内部放电器件试验记录（参考示例）

环境温度：__34.2__℃ 湿度：__68.2__% 气压：__100.1__kPa

试品编号	直流充电电压（kV）	放电时间（min）	剩余电压（V）
001	4.91	10	38.7
002	4.92	10	35.2
规定值	$\sqrt{2}\,U_N$	10	<50

试验结论：合格/不合格。

3.9 内部熔丝的放电试验

3.9.1 试验目的

检验高压并联电容器内部熔丝的短时耐受电流能力（该试验只针对有内部熔丝结构的电容器）。

3.9.2 试验设备

推荐的试验设备要求见表 2-3-19。

表 2-3-19 试验设备一览表（推荐）

序号	设备名称	设备关键参数和要求
1	直流高压发生器	输出直流电压范围：应不小于 0～100kV
2	数字电容表	电容测量范围：应不小于 200pF～200μF； 电压测量准确度：应不低于 2%

3.9.3 试验方法

3.9.3.1 一般要求

在电容器的极间充以 $1.7U_N$ 直流电压，经电容器端子最小间隙短路，试验前后电容量变化应小于一根内部熔丝熔断的变化量。

3.9.3.2 接线原理图

内部熔丝放电试验接线原理图如图 2-3-15 所示。

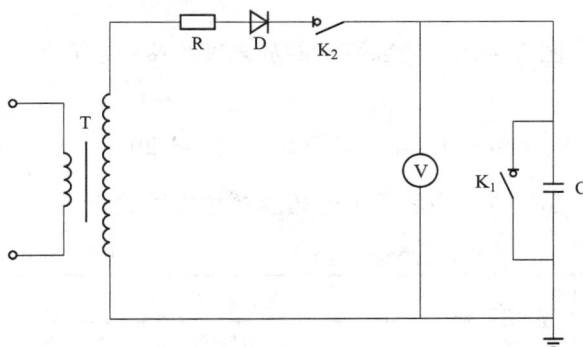

图 2-3-15 内部熔丝放电试验接线原理图

T—试验变压器；C—试品；R—保护电阻；K_1、K_2—开关；D—整流硅堆；V—电压测量系统

3.9.3.3 试验过程

试验步骤如下：

（1）用数字电容表测量试品试验前的电容量。

（2）闭合高压开关 K_2，对电容器端子间施加直流电压，直至达到规定电压值 $1.7U_N$ 后，断开 K_2 的瞬间闭合高压开关 K_1，通过内部熔丝进行一次放电试验。

（3）用数字电容表测量试验后的试品电容量。

3.9.4 结果判断

试验前后电容量变化应小于一根内部熔丝熔断的变化量。

3.9.5 注意事项

试验电压为直流电压，试验前后均应测量端子间电容。

3.9.6 试验实例

3.9.6.1 接线示意图

内部熔丝的放电试验接线示意图如图 2-3-16 所示。

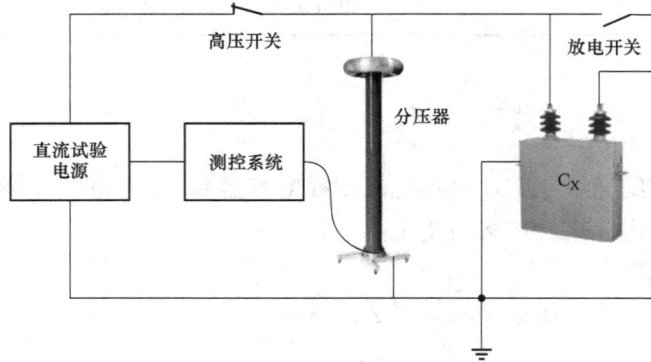

图 2-3-16 内部熔丝的放电试验接线示意图

3.9.6.2 试验记录

高压并联电容器内部熔丝的放电试验记录见表 2-3-20。

表 2-3-20 高压并联电容器内部熔丝的放电试验记录（参考示例）

环境温度：__34.2__ ℃   湿度：__68.2__ %   气压：__100.1__ kPa

试品编号	直流充电电压值（kV）	放电次数	电容量（μF）			试验结果
			放电前	放电后	变化量	
002	11.27	1	59.2	59.2	0	合格
003	11.25	1	59.1	59.1	0	合格
规定值	$1.7U_N$	1	—	—	<1.12	—

试验结论：合格/不合格。

3.10 短路放电试验

3.10.1 试验目的

电容器必须能承受运行电压下由外部故障所引起的短路放电。短路放电试验的目的是检验电容器内部连接中是否有缺陷。

3.10.2 试验设备

推荐的试验设备要求见表 2-3-21。

表 2-3-21 试验设备一览表（推荐）

序号	设备名称	设备关键参数和要求
1	直流高压发生器	输出电压应不低于 50kV； 准确度等级应不低于 2 级
2	数字电容表	电容测量范围应不小于 200pF～200μF； 电压测量准确度应不低于 2%

3.10.3 试验方法

3.10.3.1 一般要求

在电容器极间充以 $2.5U_N$ 直流电压，经电容器端子的最小间隙（短接线长度不应大于 1.5m）短路，在 10min 内放电 5 次，试验前后电容量变化应小于一根内部熔丝熔断或一个元件击穿的变化量。

3.10.3.2 试验过程

（1）用数字电容表测量试品试验前的电容量。

（2）按图 2-3-15 完成接线后，先闭合高压开关 K_2，对电容器端子间施加直流电压，直至达到规定电压值 $2.5U_N$ 后，然后断开 K_2 的瞬间闭合高压开关 K_1，通过内部熔丝进行一次放电试验。

（3）10min 内重复 5 次步骤（2）。

（4）用数字电容表测量试验后的试品电容量。

3.10.4 结果判定

按照标准要求，短路放电试验在 10min 内应能承受 5 次 $2.5U_N$ 直流电压放电。如采购技术规范或采购合同中另有规定，按采购技术规范或采购合同的要求进行判定。

试验前后电容量变化应小于一根内部熔丝熔断或一个元件击穿的变化量。

3.10.5 试验实例

3.10.5.1 接线示意图

短路放电试验接线示意图如图 2-3-17 所示。

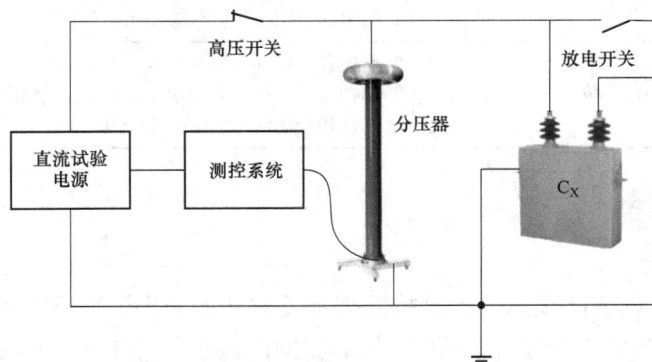

图 2-3-17 短路放电试验接线示意图

3.10.5.2 试验记录

高压并联电容器短路放电试验记录见表 2-3-22。

表 2-3-22 高压并联电容器短路放电试验记录（参考示例）

环境温度：__34.2__℃　　　湿度：__68.2__%　　　气压：__100.1__kPa

试品编号	直流充电电压（kV）	10min 内放电次数	电容量（μF）		
			试验前	试验后	变化量
001	16.56	5	59.1	59.1	0
规定值	$2.5U_N$	5	—	—	—

试验结论：合格/不合格。

3.11 热 稳 定 性 试 验

3.11.1 试验目的

（1）确定电容器在过负载状态下的热稳定性。

（2）确定电容器能够获得损耗测量可再现的条件。

3.11.2 试验设备

推荐的试验设备要求见表 2-3-23。

表 2-3-23 试验设备一览表（推荐）

序号	设备名称	设备关键参数和要求
1	大容量工频电压试验系统（配套补偿电抗器）	电压测量范围：应不小于 0～50kV； 分压器测量准确度：应不低于 1 级
2	高温试验箱	温度范围：应不低于+20～+100℃； 温度测量准确度：应不低于 0.3℃
3	温度巡检仪	温度范围：应不低于−40～+100℃； 温度测量准确度：应不低于 0.2℃
4	高压电桥	电容测量范围：应不小于 3pF～20mF； 电容器损耗角正切（tanδ）测量范围：应不小于−100%～110%； 测量准确度等级：应不低于 0.001 级

3.11.3 试验方法

3.11.3.1 一般要求

电容器试品及两台陪试品电容器按照规定要求（如未提供现场布置方式，默认直立布置），放置于静止空气的封闭烘箱中，电容器间距应小于等于正常间距（如未提供现场布置间距，默认间距为 70mm）。施加交流电压使得电容器的无功功率不小于 $1.44Q_N$，历时至少 48h，电容器周围的静止冷却空气温度应为环境空气温度加 10℃，见表 2-3-24。在最后 6h 内，应测量外壳接近顶部处的温度至少 4 次，温度变化不应大于 1K，如果观察到较大的变化，则试验应继续进行，直到在随后的 6h 内连续 4 次测量满足上述要求为止。假如在 72h 内未达到热稳定的条件，则应停止试验，并宣告电容器没有通过该试验，静置 24h 后，测量试验后电容器试品（非陪试品）的电容和损耗角正切值（tanδ）。

表 2-3-24 热温度试验的环境空气温度

代　　号	环境空气温度（℃）
A	40
B	45
C	50
D	55

3.11.3.2 试验接线原理图

热稳定性试验典型接线原理图如图 2-3-18 所示。

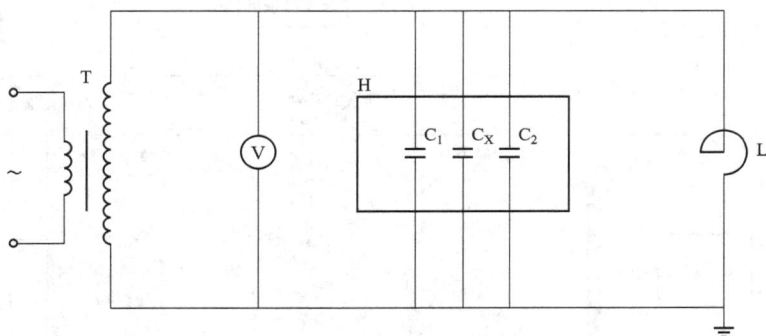

图 2-3-18 热稳定性试验典型接线原理图

T—试验变压器；C_X—试品；H—恒温箱；C_1、C_2—陪试试品；L—电抗器；V—电压测量系统

3.11.3.3 试验过程

（1）测量试验前电容器试品的电容和损耗角正切（tanδ）。

（2）3 台电容器并联连接，试品间距与并联电容器成套装置中电容器单元的安装间距保持一致。对于抽检试品，分别在外壳接近顶部处固定热电偶测温探头。

（3）依据产品温度类别，设置烘箱的加热温度。

（4）施加电压至要求值（约 $1.2U_N$），历时至少 48h。在最后 6h 内，每间隔 2h 记录温度巡检仪读数（外壳温度），温升变化不应大于 1K。如果观察到较大的变化，则试验应继续进行，直到在随后的 6h 内连续 4 次测量满足上述要求为止。假如在 72h 内未达到热稳定的条件,则应停止试验，并宣告电容器没有通过该试验。

（5）静置 24h 后，测量试验后电容器试品（非陪试品）的电容和损耗角正切（tanδ）。

3.11.3.4 测量结果计算

电容器实际热稳定容量和额定容量变比换算关系如式（2-3-5）所示。

$$K = Q / Q_N \qquad (2\text{-}3\text{-}5)$$

式中：

K ——热稳定容量和额定容量变比；

Q ——实际热稳定容量（按实际电容量和实际电压计算得到），kvar；

Q_N ——额定容量，kvar。

3.11.4 结果判定

试验前后两次测得电容值之差应小于相当于一个元件击穿或一根内部熔丝动作之量。

3.11.5 试验实例

3.11.5.1 接线示意图

热稳定性试验接线示意图如图 2-3-19 所示。

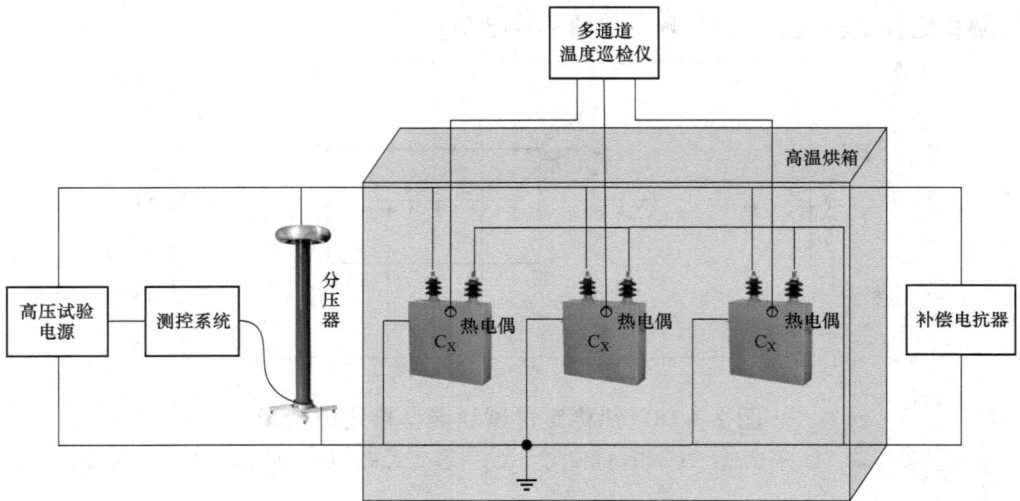

图 2-3-19 热稳定性试验接线示意图

3.11.5.2 试验记录

高压并联电容器热稳定性试验记录见表 2-3-25。

表 2-3-25 高压并联电容器热稳定性试验记录（参考示例）

环境温度：34.2 ℃ 　　湿度：68.2 % 　　气压：100.1 kPa

陪试品-1：（编号）		陪试品-2：（编号）		单元间距：70mm
试品编号	002	001	003	烘箱温度（℃）
测温部位	外壳温度（℃）	外壳温度（℃）	外壳温度（℃）	
累计时间 42h	65.0	65.6	64.8	55.0
44h	65.2	65.7	65.0	55.0

陪试品-1：（编号）		陪试品-2：（编号）		单元间距：70mm	
试品编号	002	001	003	温箱温度（℃）	
测温部位	外壳温度（℃）	外壳温度（℃）	外壳温度（℃）		
累计时间 46h	65.3	65.9	65.1	55.0	
48h	65.3	65.9	65.1	55.0	
温升（K）	10.3	10.9	10.1	—	
最后6h温升变化量（K）	0.3	0.3	0.3	—	

试 品 编 号		001
试验的最后24h期间电压（kV_{rms}）		7.98
实测电容计算得到的容量（kvar）		1188.17
根据实测电容计算得到的容量 Q/额定容量 Q_N		1.44
热稳定试验前（环温32.4℃）	测量电压（kV）	6.87
	C（μF）	59.3910
	$\tan\delta$（%）	0.0191
热稳定试验后（环温34.2℃）	测量电压（kV）	6.67
	C（μF）	59.2286
	$\tan\delta$（%）	0.0168
试验前后变化量（μF）	ΔC	−0.1624
	规定值	<1.15

试验结论：合格/不合格。

3.12　高温下电容器损耗角正切（$\tan\delta$）测量

3.12.1　试验目的

检验试品在极端环境温度下电容器的有功损耗情况。

3.12.2　试验设备

推荐的试验设备要求见表2-3-26。

表 2-3-26　试验设备一览表（推荐）

序号	设备名称	设备关键参数和要求
1	大容量工频电压试验系统（配套补偿电抗器）	电压测量范围：应不小于 0～50kV；分压器测量准确度：应不低于 1 级

序号	设备名称	设备关键参数和要求
2	高压电桥	电容测量范围：应不小于 3pF～20mF； 电容器损耗角正切（tanδ）测量范围：应不小于 –100%～110%； 测量准确度等级：应不低于 0.001 级
3	温度巡检仪	温度范围：应不低于–40～+100℃； 温度测量准确度：应不低于 0.2℃

3.12.3 试验方法

3.12.3.1 一般要求

电容器损耗角正切（tanδ）应在热稳定性试验结束时测量，测量电压应为热稳定性试验的电压。

3.12.3.2 试验接线示意图

高温下电容器损耗角正切（tanδ）测量接线示意图如图 2-3-3 所示。

3.12.3.3 试验过程

测量电压应为热稳定性试验时电压（1.2U_N），高温下电容器损耗角正切（tanδ）测量方法参见本书专业部分 3.2 节。

3.12.3.4 结果判定

按照标准要求，高温下电容器损耗角正切（tanδ）应不大于 0.03%。

如采购技术规范或采购合同中另有规定，按采购技术规范或采购合同的要求进行判定。

3.12.4 注意事项

试验应在热稳定性试验结束时进行。

3.12.5 试验实例

高压并联电容器高温下电容器损耗角正切（tanδ）测量试验记录见表 2-3-27。

表 2-3-27 高压并联电容器高温下电容器损耗角正切（tanδ）
测量试验记录（参考示例）

环境温度：__34.2__℃　　　湿度：__68.2__%　　　气压：__100.1__kPa

试品编号	试品壳温（℃）	测量电压（kV）	tanδ（%）
001	65.9	8.01	0.0156
002	65.3	7.99	0.0168
003	65.1	8.01	0.0178
规定值	—	1.2U_N	≤0.03

试验结论：合格/不合格。

3.13　损耗角正切值（tanδ）与温度的关系曲线测定

3.13.1　试验目的

检测试品在温度升高条件下的介质损耗情况。

3.13.2　试验设备

推荐的试验设备要求见表 2-3-28。

表 2-3-28　试验设备一览表（推荐）

序号	设备名称	设备关键参数和要求
1	大容量工频电压试验系统（配套补偿电抗器）	电压测量范围：应不小于 0～50kV； 分压器测量准确度：应不低于 1 级
2	高温试验箱	温度范围：应不低于+20～+100℃； 温度测量准确度：应不低于 0.3℃
3	高压电桥	电容测量范围：应不小于 3pF～20mF； 电容器损耗角正切(tanδ)测量范围：应不小于–100%～110%； 测量准确度等级：应不低于 0.001 级

3.13.3　试验方法

3.13.3.1　一般要求

采用高压电桥法，在（0.9～1.1）U_{N} 频率为额定频率的正弦波电压下进行测量，20～80℃内测量 5 个点（推荐测量点为 20、35、50、65、80℃）。测量值都应在小于等于 0.03% 的范围内，且各点的值相差不大于±30%，80℃时测量值应小于 20℃时的测量值。

3.13.3.2　接线示意图

测定损耗角正切值（tanδ）与温度的关系曲线的接线示意图见图 2-3-3。

3.13.3.3　试验过程

（1）电容器置于封闭的烘箱中，电容器外壳中心线距底 2/3 的中心处固定热电偶探头。

（2）烘箱加温 24h，使电容器通体达到规定的温度，记录下温度巡检仪的外壳和芯子的温度。

（3）参见损耗角正切测量的试验方法（本书 3.2.3.3），记录该温度下的损耗角正切值（tanδ）。

（4）重复步骤（2）、步骤（3），依次测量剩下 4 个温度点的损耗角正切值（tanδ）。

3.13.3.4　测量结果计算

20～80℃，损耗角正切值（tanδ）实测值的最大差值比换算关系如式（2-3-6）所示。

$$K = \left(\tan \delta_1 - \tan \delta_2 \right) / \tan \delta_2 \qquad (2\text{-}3\text{-}6)$$

式中：

K　——损耗角正切值（tanδ）实测值的最大差值比；

$\tan\delta_1$——最小介质损耗值，单位为百分数（%）；

$\tan\delta_2$——最大介质损耗值，单位为百分数（%）。

3.13.4　结果判定

依据标准要求，损耗角正切值（tanδ）与温度的关系曲线判定试验，在 20～80℃内测量 5 个点。如采购技术规范或采购合同中另有规定，按采购技术规范或采购合同的要求进行判定。

20～80℃内测量 5 个损耗角正切值（tanδ）均小于等于 0.03%，且各点的值相差不大于±30%，80℃时测量值应小于 20℃时的测量值。

3.13.5　试验实例

高压并联电容器损耗角正切值（tanδ）与温度的关系曲线测定试验记录见表 2-3-29。

表 2-3-29　高压并联电容器损耗角正切值（tanδ）与温度的关系
曲线测定试验记录（参考示例）

试品编号	001				
烘箱温度（℃）	20.0	35.0	50.0	65.0	80.0
试品壳温（℃）	19.8	34.9	50.2	65.1	79.9
测量电压（kV）	6.87	6.70	6.84	6.81	6.78
tanδ（%）	0.0191	0.0183	0.0173	0.0164	0.0170
20～80℃，tanδ实测值的最大差值比（%）	≤30				

试验结论：合格/不合格。

损耗角正切值（tanδ）与温度的关系曲线判定示意图如图 2-3-20 所示。

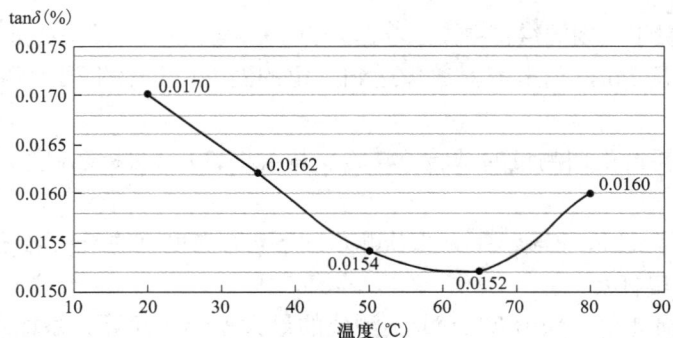

图 2-3-20　损耗角正切值（tanδ）与温度的关系曲线判定示意图（示例）

3.14 局 部 放 电 测 量

3.14.1 试验目的

检验设备内部绝缘结构和制造工艺是否有缺陷。

3.14.2 试验设备

推荐的试验设备要求见表 2-3-30。

表 2-3-30 试验设备一览表（推荐）

序号	设备名称	设备关键参数和要求
1	大容量工频电压试验系统（配套补偿电抗器）	电压测量范围：应不小于 0～50kV； 分压器测量准确度：应不低于 1 级
2	局部放电测量仪	电压测量范围：应不小于 0～50kV； 局部放电量测量范围：应不小于 0～500pC

3.14.3 试验方法

3.14.3.1 一般要求

试验在常温下采用超声法进行，测量探头粘贴在电容器正反两面，取两个信号中较高值作为局部放电量。

3.14.3.2 接线原理图

局部放电测量试验的接线原理图如图 2-3-21 所示。

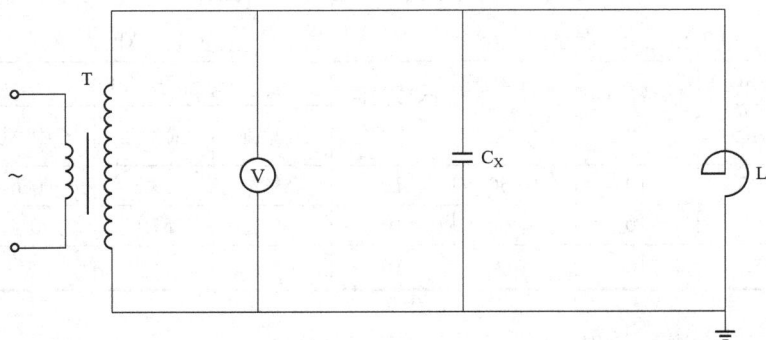

图 2-3-21 局部放电测量试验接线原理图
T—试验变压器；C_X—试品；L—电抗器；V—电压测量系统

3.14.3.3 试验过程

型式试验试验过程：在电容器单元极间加压至局部放电起始（不应超过 $2.15U_N$）后，（局部放电起始的判定：加压时局部放电量大于 10pC），历时 1s，降压至 $1.35U_N$ 保持 10min，然后升压至 $1.6U_N$ 保持 10min，在最后 1min 内不应观察到局部放电水平增加，记录此时局部放电量。

3.14.4 结果判定

局部放电量不应大于 50pC，试验前后所测得的电容之差应小于相当于一个元件击穿或一根内部熔丝动作之量。

3.14.5 试验实例

3.14.5.1 接线示意图

（极间）局部放电测量接线示意图如图 2-3-22 所示。

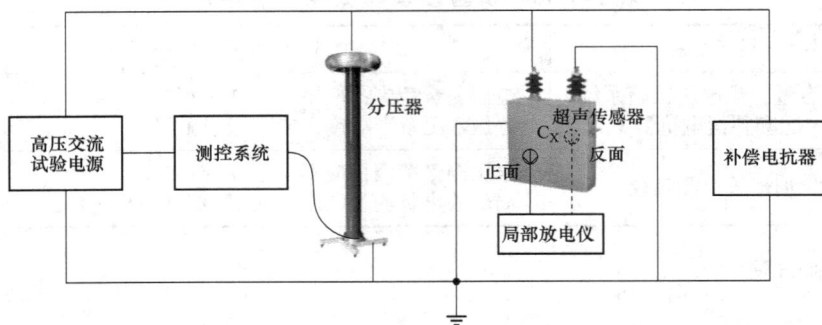

图 2-3-22 （极间）局部放电测量接线示意图

3.14.5.2 试验记录

高压并联电容器局部放电测量试验记录见表 2-3-31。

表 2-3-31 高压并联电容器局部放电测量试验记录（参考示例）

环境温度：__34.2__ ℃　　　湿度：__68.2__ ％　　　气压：__100.1__ kPa

试品编号	下降电压（有效值，kV）	保持时间（min）	上升电压（有效值，kV）	保持时间（min）	电容量（μF）			试验期间的局部放电量（pC）
					试验前	试验后	变化量	
001	8.95	10	10.60	10	59.2	59.3	+0.1	18.38
002	8.97	10	10.60	10	59.1	59.1	0	20.92
规定值	$1.35U_N$	10	$1.6U_N$	10	—	—	＜	≤50

试验结论：合格/不合格。

3.15 极对壳局部放电熄灭电压测量

3.15.1 试验目的

检验设备极对外壳绝缘结构和制造工艺是否有缺陷。

3.15.2 试验设备

推荐的试验设备要求见表 2-3-32。

表 2-3-32 试验设备一览表（推荐）

序号	设备名称	设备关键参数和要求
1	工频电压试验系统	额定频率：50Hz； 额定容量：应不低于 100kVA； 输出电压：应不低于 100kV
2	局部放电测量仪	电压测量范围：应不小于 0~50kV； 局放量测量范围：应不小于 0~500pC

3.15.3 试验方法

3.15.3.1 一般要求

试验一般在端子与外壳间交流电压试验时进行，测量探头粘贴在电容器正反两面，取两个信号中较高值作为局部放电量。

3.15.3.2 接线原理图

极对壳局部放电熄灭电压试验接线原理图如图 2-3-23 所示。

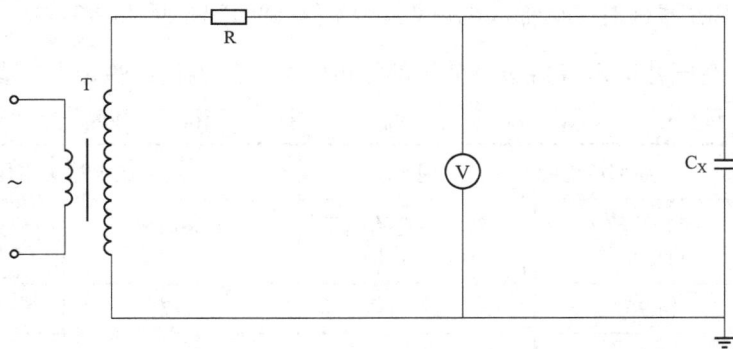

图 2-3-23 极对壳局部放电熄灭电压试验接线原理图
T—试验变压器；C_X—试品；R—保护电阻；V—电压测量系统

3.15.3.3 试验过程

常温下，将电容器所有线路端子连接在一起，与外壳之间施加工频交流电压，直至试品出现局部放电量（局部放电起始的判定：加压时局部放电量大于等于 10pC），测量局部放电起始电压，然后降压至局部放电熄灭（局部放电熄灭的判定：降压时局部放电量小于 10pC），测量局部放电熄灭电压。

3.15.4 结果判断

（1）对外壳处于地电位的电容器，局部放电熄灭电压不应低于 $1.2 \times 1.1 \times \sqrt{3} \times U_N$。

（2）对安装在处于中间电位台架上的电容器，局部放电熄灭电压不应低于 $1.2\times1.1\times n\times U_N$。其中，$n$ 为相对于外壳连接电位的最大串联单元数。

3.15.5　试验实例

3.15.5.1　接线示意图

极对壳局部放电熄灭电压测量接线示意图如图 2-3-24 所示。

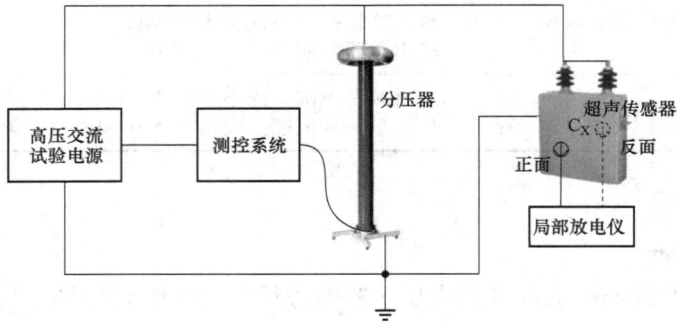

图 2-3-24　极对壳局部放电熄灭电压测量接线示意图

3.15.5.2　试验记录

高压并联电容器极对壳局部放电熄灭电压测量试验记录见表 2-3-33。

表 2-3-33　高压并联电容器极对壳局部放电熄灭电压测量试验记录（参考示例）

环境温度：<u>34.2</u>℃　　　湿度：<u>68.2</u>　%　　　气压：<u>100.1</u>　kPa

试品编号	局部放电起始电压测量		局部放电熄灭电压测量	
	起始局放（pC）	局部放电起始电压（有效值，kV）	熄灭局放（pC）	局部放电熄灭电压（有效值，kV）
001	14.96	27.16	6.47	24.25
002	15.24	28.37	5.85	25.68
规定值	≥10	—	<10	$\geq1.2\times1.1\times\sqrt{3}\times U_N$

试验结论：合格/不合格。

3.16　低温下局部放电试验

3.16.1　试验目的

检验低温环境下设备内部绝缘结构和制造工艺是否有缺陷。

3.16.2　试验设备

推荐的试验设备要求见表 2-3-34。

表 2-3-34　试验设备一览表（推荐）

序号	设备名称	设备关键参数和要求
1	大容量工频电压试验系统（配套补偿电抗器）	电压测量范围：应不小于 0～50kV； 分压器测量准确度：应不低于 1 级
2	局部放电测量仪	电压测量范围：应不小于 0～50kV； 局部放电量测量范围：应不小于 0～500pC
3	低温试验箱	温度范围：应不低于–40～+50℃； 温度测量准确度：应不低于 0.3℃
4	温度巡检仪	温度范围：应不低于–40～+100℃； 温度测量准确度：应不低于 0.2℃

3.16.3　试验方法

3.16.3.1　一般要求

试验在低温下进行，将电容器置于温度类别下限环境中，持续 24h。测量探头粘贴在电容器正反两面，取两探头中的测量高值作为局部放电量。

3.16.3.2　接线原理图

试验接线原理图如图 2-3-23 所示。

3.16.3.3　试验过程

低温处理后的电容器单元，极间加压至局部放电起始（不应超过 $2.15U_N$）后历时 1s（局部放电起始的判定：加压时局部放电量大于 10pC），降压至局部放电熄灭（局部放电熄灭的判定：降压时局部放电量小于 10pC），局部放电熄灭电压不应低于规定值。试验前后用数字电容表测量其端子间电容。

3.16.4　结果判定

局部放电熄灭电压不低于 $1.2U_N$，试验前后所测得的电容之差应小于相当于一个元件击穿或一根内部熔丝动作之量。

3.16.5　试验实例

3.16.5.1　接线示意图

低温下局部放电测量接线示意图如图 2-3-25 所示。

3.16.5.2　试验记录

高压并联电容器低温下局部放电试验记录见表 2-3-35。

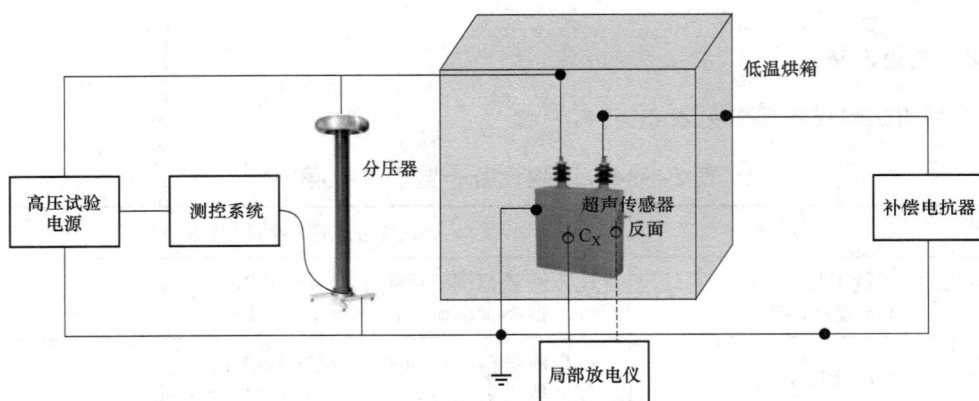

图 2-3-25 低温下局部放电测量接线示意图

表 2-3-35 高压并联电容器低温下局部放电试验记录（参考示例）

试品编号	试品壳温（℃）	保持时间（h）	局部放电起始电压（kV$_{rms}$）	局部放电熄灭电压（kV$_{rms}$）	电容量（μF）		
					试验前	试验后	变化量
002	−40.0	24	10.96	8.56	60.0	59.8	−0.2
003	−39.9	24	11.33	9.14	59.9	59.8	−0.1
规定值	−40	24	—	>1.2U_N（=7.2）	—	—	<1.35

试验结论：合格/不合格。

3.17 套 管 受 力 试 验

3.17.1 试验目的

验证试品的机械性能是否满足运行环境要求。

3.17.2 试验设备

推荐的试验设备要求见表 2-3-36。

表 2-3-36 试验设备一览表（推荐）

序号	设备名称	设备关键参数和要求
1	机械特性试验机	设备量程：应不小于 0～5kN； 最大允许误差：1%

3.17.3 试验方法

3.17.3.1 一般要求

引出端子的套管及导电杆的机械强度应满足下列要求：

（1）200kvar 以下的电容器套管应能承受 400N 的水平拉力。

（2）200～1000kvar 的电容器套管应能承受 500N 的水平拉力。

（3）1000kvar 以上的电容器套管应能承受 900N 的水平拉力。

（4）导电杆应能承受表 2-3-37 中所列最大扭矩值。

3.17.3.2　试验过程

套管受力试验过程如下：

（1）垂直于试品套管方向施加 500N 拉力，持续 1min，重复 5 次。

（2）试品导电杆施加表 2-3-37 规定的扭矩，持续 10s。

表 2-3-37　导 电 杆 扭 矩

接线头螺纹	螺母扳手的扭矩（N·m）	
	最大值	最小值
M10	10	5.0
M12	15	7.5
M16	30	15
M20	52	26

3.17.4　结果判定

试验后套管应无损坏或渗漏油。

3.17.5　试验实例

高压并联电容器套管受力试验记录见表 2-3-38。

表 2-3-38　高压并联电容器套管受力试验记录（参考示例）

试品编号	垂直于套管方向拉力试验			导电杆扭矩试验		结果
	拉力值（N）	保持时间（min）	试验次数	扭矩值（N·m）	保持时间（s）	
002	500	1	5	40	10	☑ 无渗漏油、无损坏
003	500	1	5	40	10	☑ 无渗漏油、无损坏
规定值	500	1	5	40	10	应无渗漏油、无损坏

试验结论：合格/不合格。

3.18　内部熔丝的隔离试验

3.18.1　试验目的

验证试品元件击穿后的内部熔丝保护功能（该试验只针对有内部熔丝结构的电容器）。

3.18.2　试验设备

推荐的试验设备要求见表 2-3-39。

表 2-3-39　试验设备一览表（推荐）

序号	设备名称	设备关键参数和要求
1	直流高压发生器	输出电压：应不低于 50kV； 准确度等级：应不低于 2 级；
2	大容量工频电压试验系统（配套补偿电抗器）	电压测量范围：应不小于 0～50kV； 分压器测量准确度：应不低于 1 级
3	数字电容表	电容测量范围：应不小于 200pF～200μF； 电压测量准确度：应不低于 2%

3.18.3　试验方法

3.18.3.1　一般要求

内部熔丝的隔离试验采用直流法，内部熔丝隔离试验由制造方选择，应在一台完整的电容器单元或在两单元上进行。在两单元上进行试验时，一单元在下限电压下试验，另一单元在上限电压下试验。

3.18.3.2　试验接线原理图

内部熔丝隔离试验的接线原理图如图 2-3-26 所示。

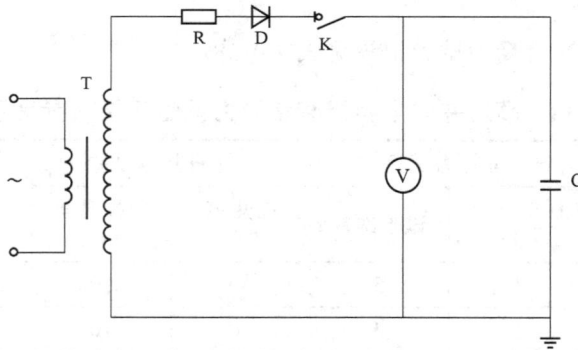

图 2-3-26　内部熔丝隔离试验的接线原理图

T—试验变压器；C—试品；R—保护电阻；K—开关；D—整流硅堆；　V—电压测量系统

3.18.3.3　试验过程

内部熔丝隔离试验过程如下：

（1）采用电容表测量试验前的试品电容量。

（2）依据电容器内部元件的电气连接图和串、并联元件数信息，确定上限电压试验预处理时的机械穿刺打孔区域，测量预处理后试品电容量。

（3）加压至试验要求值，"机械穿刺工装"快速动作，使电容器单个元件击穿，记录下降电压数据。

（4）上限隔离试验完成后，重复步骤（1）～步骤（3），进行下限熔丝隔离试验。

（5）内部熔丝上、下隔离试验完成后，在动作后的熔丝断口施加 $2.15U_N$ 的工频电压，历时 10s，试验中不应发生击穿或闪络。

3.18.4 结果判定

按照标准要求，内部熔丝上、下限隔离试验电压分别为 $0.9\sqrt{2}\,U_N$ 和 $2.5\sqrt{2}\,U_N$；内部熔丝上限隔离试验电压下降率不应超过 30%，在动作后的熔丝断口施加 $2.15U_N$ 的工频电压，历时 10s，试验中不应发生击穿或闪络。

3.18.5 注意事项

用"机械穿刺工装"将钉子固定在打孔处，保证钉子是垂直进入电容器，否则可能刺到两个元件之间，或者刺穿两个元件。

3.18.6 试验实例

高压并联电容器内部熔丝的隔离试验记录见表 2-3-40。

表 2-3-40　高压并联电容器内部熔丝的隔离试验记录（参考示例）

环境温度：__34.2__ ℃　　　湿度：__68.2__ %　　　气压：__100.1__ kPa

试 品 编 号		002
上限电压隔离试验（直流）$2.5\sqrt{2}\,U_N$	施加电压（kV）	23.6
	试验前电容（μF）	59.0
	试验后电容（μF）	57.9
	熔丝熔断根数（根）	1
	剩余电压（kV）	23.0
	电压下降率测量值（%）	7.63
	电压下降率规定（%）	≤30
下限电压隔离试验（直流）$0.9\sqrt{2}\,U_N$	施加电压（kV）	6.6
	试验前电容（μF）	57.9
	试验后电容（μF）	56.8
	熔丝熔断根数（根）	1
	剩余电压（kV）	5.9
断口耐压试验	交流耐压值（kV）	14.23

续表

试　品　编　号			002
断口耐压试验	耐受时间（s）		10
	电容量（μF）	试验前	56.8
		试验后	56.8
		变化量实测值	0
		变化量规定值	<1.15
	试验结果	不应发生击穿或闪络	无击穿或闪络

试验结论：合格/不合格。

3.19　外壳爆破能量试验

3.19.1　试验目的

高频高幅值的短路放电电流或工频故障电流都可能使电容器外壳或套管发生爆裂。耐受爆破能量（以下简称"耐爆能量"）是指电容器单元内部发生极间或极对壳击穿时，外部电路的能量，包括故障电容器单元本身储存的能量，注入电容器单元内部，而电容器单元外壳和套管能够耐受且不发生爆裂、漏油的能量限值。电容器单元的耐爆能量是一项最重要的安全性指标。外壳爆破能量试验的目的是测定电容器单元这一能量限值，或验证试品是否符合规定的耐受要求。

3.19.2　试验设备

推荐的试验设备要求见表 2-3-41。

表 2-3-41　试验设备一览表（推荐）

序号	设备名称	设备关键参数和要求
1	电容器外壳耐爆能量试验系统	输出电流：应不低于 0～200kA； 输出电压：应不低于 0～30kV

3.19.3　试验方法

3.19.3.1　一般要求

（1）试品结构要求。除故障电容器元件极间绝缘装置破坏，试品结构、材料、工艺等均应按正常产品生产配置。对内部熔丝电容器，试品内部熔丝应金属短接。

（2）故障预置方式。故障电容器应采用电击穿方式备置，一个串联段内的并联元件只允许预置一个故障电容器元件。对串联数在 3 串联段及以下的电容器，每个串联段应各预置 1 个故障电容器元件；对串联数在 4 串联段及以上的电容器，靠近套管的第一个串联段应完好，不预置故障电容器元件，其他串联段各预置 1 个故障电容器元件。

（3）试品数量。试验数量为 3 台，由于需要一台样品兼作放电参数调整用，故送检试品数量不应少于 4 台。由于外壳耐爆能量试验为特殊试验，可采用替代单元进行，试品单元与替代单元的外壳尺寸间偏差应满足下列要求：

（1）长度、宽度：−10%～+10%。

（2）高度：−20%～+20%。

3.19.3.2 试验原理

试验采用直流储能、脉冲放电的方式进行，用波形记录仪实测注入电容器内部的放电能量。采用电阻与试验回路电阻相比可以忽略的导体短接被试电容器，记录基准放电波形。放电回路应使基准放电波形的放电电压（充电电压）、放电频率、放电电流相邻峰值之比符合要求，并使试品接入时实际注入试品的能量达到要求。

电容器外壳耐爆能量试验原理图如图 2-3-27 所示。

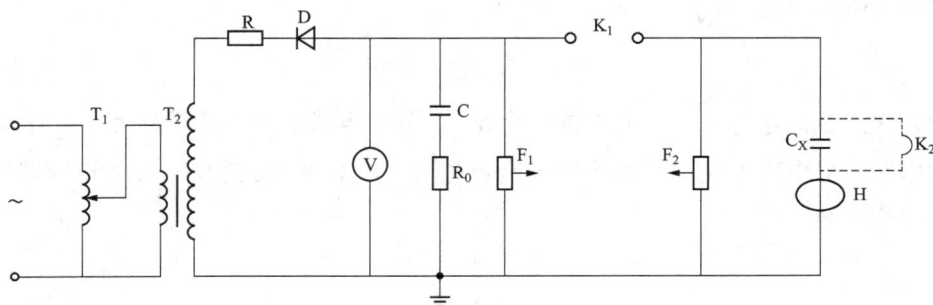

图 2-3-27 电容器外壳耐爆能量试验原理图

T_1—调压器；T_2—试验变压器；R—充电回路限流电阻；D—充电回路整流硅堆；

V—电流（交直流）分压器；C—储能电容器；R_0—放电回路外部等效电阻；

F_1、F_2—电容分压器（或阻容分压器）；K_1—放电点火开关；K_2—短接片；

H—罗氏线圈或分流器；C_X—被试电容器

3.19.3.3 充电能量

试验所用的储能电容器，其电容量应能使其储存能量在充电电压为 $1.1\sqrt{2}$ 倍试品额定电压时达到规定的额定耐爆能量。电容器储能能量 W 的计算公式参见式（2-3-7）。

$$W = \frac{1}{2}CU^2 \tag{2-3-7}$$

3.19.3.4 试验过程

具体试验过程如下：

（1）用最短引线将试品接入回路，试品的两端子再用最短的铜牌（比引线粗或者一样截面积）短接，充电电压应略高于电压下限值，控制点火进行放电，得到"标准放电波形"，记录波形参数，见表 2-3-42，判断是否满足标准要求。

115

表 2-3-42　试验回路要求（标准放电波）

外壳爆破能量 WR（kW·s）	≥15
充电能量（1.0~2.0）×WR（kW·s）	15~30
充电电压（1.1~2.0）× $\sqrt{2}$ U_N（kV）	—
放电频率（kHz）	≥4.0
电流相邻峰值之比	≥0.8

（2）取掉试品两端子间的短接线，按照充电电压的要求进行放电试验，调试至注入试品的能量满足标准要求，再切换到正式试验的试品上逐个进行试验。

3.19.3.5　能量计算

注入试品能量计算方法宜采用能量焦耳积分法，计算方法如下：

（1）记录基准放电波形，充电能量为 W_{c1}，放电电流能量焦耳积分为 $\int_0^\infty i_1^2(t)\mathrm{d}t$，回路等效串联阻尼电阻为 R_0，则

$$W_{c1} = R_0 \times \int_0^\infty i_1^2(t)\mathrm{d}t \qquad (2\text{-}3\text{-}8)$$

（2）接入试品进行试验，充电能量为 W_{c2}，放电电流能量焦耳积分为 $\int_0^\infty i_2^2(t)\mathrm{d}t$，试品等效串联阻尼电阻为 R_x，储能电容器电容量为 C，残余电压为 U_t，储能电容器残余电荷能量为 W_r，则

$$W_r = \frac{1}{2}CU_t^2 \qquad (2\text{-}3\text{-}9)$$

$$W_{c2} = (R_0 + R_x) \times \int_0^\infty i_2^2(t)\mathrm{d}t + W_r \qquad (2\text{-}3\text{-}10)$$

（3）则注入试品的能量 W_i 为

$$W_i = W_{c2} - W_{c1} \times \frac{\int_0^\infty i_2^2(t)\mathrm{d}t}{\int_0^\infty i_1^2(t)\mathrm{d}t} - W_r \qquad (2\text{-}3\text{-}11)$$

3.19.4　结果判定

试验后电容器外壳及套管应无破坏、无开裂、无渗漏油。
实测注入电容器内部能量应不小于额定耐爆能量 15kW·s。

3.19.5　注意事项

（1）打完标准放电波之后，引线都不要更换；如果更换引线，则需重新打标准放电波。
（2）放电回路应尽可能紧凑，回路与试品的连接线应尽可能短，并且采用软连接，避免套管端部放电时承受额外的电动力冲击，并联的各储能电容器至试品的放电参数应尽可能一致。

（3）为使基准放电波形参数及试品注入能量均符合要求，必要时可根据试品的试验结果及时调整试验回路参数或充电能量，并重做基准放电波形。充电电压仅在±10%范围内改变时，可不必重做基准放电波形。

（4）试验放电电流可采用分流器或罗科夫斯基线圈进行测量，充电电压可采用直流分压器（或交直流分压器）进行测量，试品两端的放电电压及储能电容器残余电压应采用电容分压器（或阻容分压器）测量，测试仪器及设备的频率响应特性均应满足要求。

（5）试验过程应采用采样率为1MS/s、分辨率12位及以上的瞬态数字记录仪记录试品放电电流、试品两端电压及储能电容器残余电压波形。

3.19.6 试验实例

高压并联电容器外壳爆破能量试验记录见表2-3-43。

表2-3-43 高压并联电容器外壳爆破能量试验记录（参考示例）

环境温度：_34.2_℃　　　湿度：__68.2__%　　　气压：__100.1__kPa

试品编号	001	002	003
1　试验回路要求（标准放电波）			
外壳爆破能量（kW·s）	≥15		
充电能量（kW·s）	15～30		
充电电压（kV）	9.88～17.96		
放电频率（kHz）	≥4.0		
电流相邻峰值之比	≥0.8		
2　实测标准放电波形参数			
充电能量（kW·s）	7.86		
充电电压（kV）	10.07		
充电电容量（μF）	155		
放电频率（kHz）	7.10		
放电电流第一半波峰值（kA）	71.01		
放电电流第二半波峰值（kA）	57.81		
电流焦耳积分（A^2·s）	0.8059		
电流相邻峰值之比	0.81		
3　实测外壳爆破能量试验数据			
试品编号	001	002	003
充电能量（kW·s）	28.04	27.89	27.80
充电电压（kV）	19.02	18.97	18.94
放电电流的第一个电流半波峰值（kA）	111.97	113.83	113.64

续表

试品编号	001	002	003
放电电流的第三个电流半波峰值（kA）	68.77	71.43	70.04
电容器残余电压（kV）	0.34	0.46	1.0
电流焦耳积分（$A^2 \cdot s$，$\times 10^6$）	1.2309	1.2745	1.2064
试品注入能量（kW·s）	16.01	15.44	15.96
电容器套管、箱壳变形情况	3 只试品套管、箱壳均无破坏、无开裂、无渗漏油		
规定值	电容器套管、箱壳应无破坏、无开裂、无渗漏油		

注　需附试验波形。

试验结论：合格/不合格。

试验基准放电波形及试品实测放电波形如图 2-3-28 和图 2-3-29 所示。

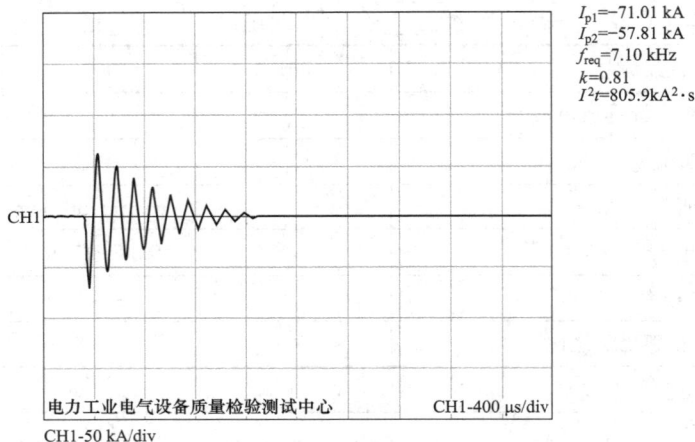

I_{p1}=−71.01 kA
I_{p2}=−57.81 kA
f_{req}=7.10 kHz
k=0.81
I^2t=805.9kA²·s

CH1

电力工业电气设备质量检验测试中心　　　　CH1-400 μs/div
CH1-50 kA/div

图 2-3-28　基准放电波形

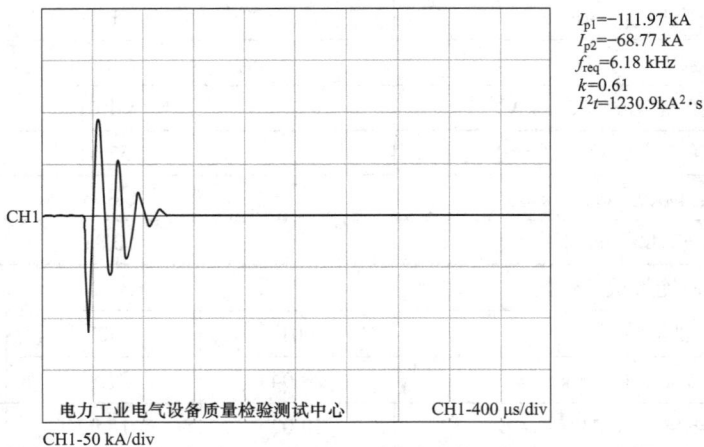

I_{p1}=−111.97 kA
I_{p2}=−68.77 kA
f_{req}=6.18 kHz
k=0.61
I^2t=1230.9kA²·s

CH1

电力工业电气设备质量检验测试中心　　　　CH1-400 μs/div
CH1-50 kA/div

图 2-3-29　外壳爆破能量试验放电波形（示例）

3.20 过电压试验

3.20.1 试验目的

过电压试验是为了确定电容器在使用温度范围内耐受反复过电压及过负载能力而进行的加速试验，是验证电容器（或其试验单元）内部元件的介质设计和组合及其制造工艺的试验，也是为了验证在从额定最低温度到室温的范围内，反复的过电压周期不会使介质击穿而进行的试验。

3.20.2 试验设备

推荐的试验设备要求见表 2-3-44。

表 2-3-44　试验设备一览表（推荐）

序号	设备名称	设备关键参数和要求
1	过电压周期试验系统	电压测量范围：应不小于 0～50kV； 变比测量准确度：应不低于 1 级
2	低温试验箱	温度范围：应不低于–40～+50℃； 温度测量准确度：应不低于 0.3℃
3	数字示波器	测量带宽：1Hz～1MHz
4	数字电容表	电容测量范围：应不小于 200pF～200μF； 电压测量准确度：应不低于 2%

3.20.3 试验方法

3.20.3.1 一般要求

试验单元总计进行 300 次，试验单元置于+15～+35℃下，施加不低于 U_N 下的电压，时间不少于 12h。处理后，将试验单元置于冷冻箱内温度不高于电容器温度类别的最低值，时间不少于 12h。移出试验单元置于+15～+35℃的温度下进行过电压试验，300 次数结束后，1h 内，电容器在+15～+35℃的温度下，施加 $1.4U_N$，历时 96h。单台试品试验时应不发生击穿；如果有击穿，则应再增加两个单元进行试验，均不应有击穿。

3.20.3.2 试验接线原理图

过电压试验接线原理图如图 2-3-30 所示。

3.20.3.3 试验过程

试验过程如下：

（1）将试验单元置于冷冻箱内，温度等于或低于电容器设计的温度类别最低值，时间不少于 12h。

（2）将试验单元移出，置于+15～+35℃环境温度的无强迫通风的空气中。试验单元从冷冻箱中移出后 5min 内应施加 $1.1U_N$ 的试验电压；施加该电压 5min 内，在不间断电压的情况下施加 $2.25U_N$ 的过电压，持续 15 个周波；此后在不间断电压的情况下，将电压再次保持在 $1.1U_N$；在 $1.1U_N$ 下历时 1.5～2min 后，再次施加 $2.25U_N$ 的过电压，且重复该过程直至一天内合计完成 60 次过电压试验。

（3）重复上述步骤（1）和步骤（2），历时 4d 以上，$2.25U_N$ 的过电压组合施加数应总计达 300 次。

（4）在完成上述步骤（3）的 1h 内，继续施加电压 $1.4U_N$，历时 96h，试验环境温度应为+15～+35℃，结束后测量试品的电容。

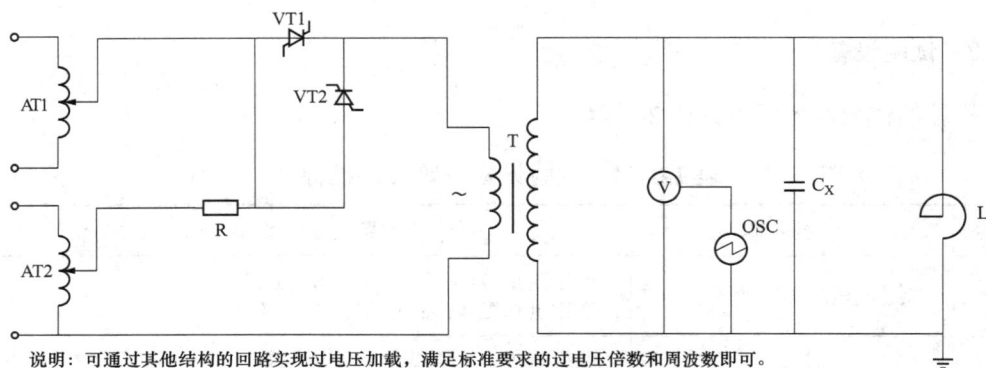

说明：可通过其他结构的回路实现过电压加载，满足标准要求的过电压倍数和周波数即可。

图 2-3-30 过电压试验接线原理图

AT1、AT2—调压器；C_X—试品；VT1、VT2—可控硅；L—电抗器；T—试验变压器；
V—电压测量系统；R—调波电阻；OSC—波形采集系统

3.20.3.4 过电压波形

试验电压的频率应为 50Hz 或 60Hz，施加的过电压应与 $1.05U_N$～$1.15U_N$ 范围内的稳定电压无任何间断。

稳定电压和过电压的波形如图 2-3-31 所示。

3.20.4 结果判定

本试验的试验单元数目为 1 台。验收准则为不应发生击穿，根据电容测量值来判断。若有击穿发生，则再试验 2 台试验单元，均不应有击穿。

3.20.5 试验实例

3.20.5.1 接线示意图

过电压试验接线示意图如图 2-3-32 所示。

3.20.5.2 试验记录

高压并联电容器过电压试验记录见表 2-3-45～表 2-3-47。

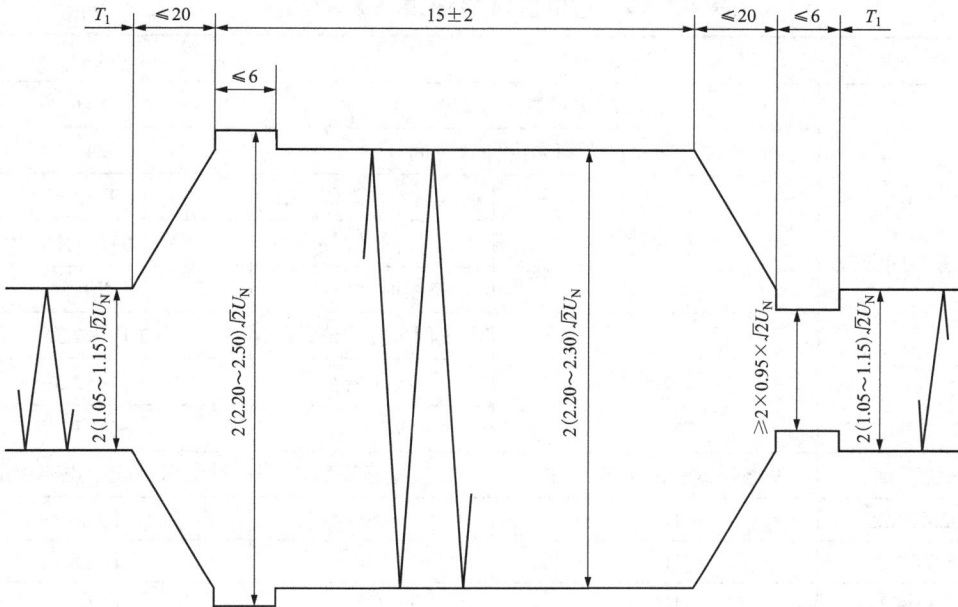

图 2-3-31 稳定电压和过电压波形示意图

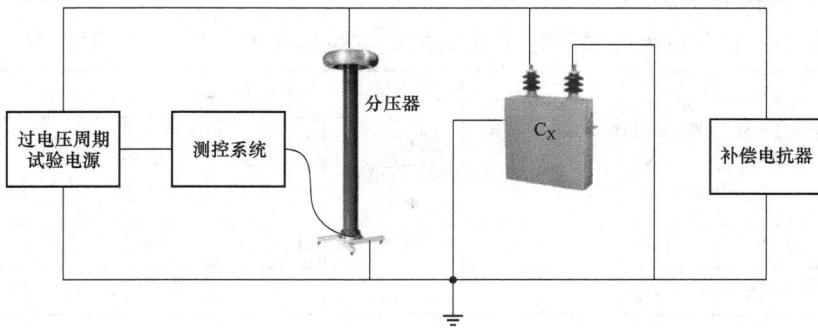

图 2-3-32 过电压试验接线示意图

表 2-3-45 高压并联电容器过电压试验记录
（试验前试验单元的处理）（参考示例）

试品编号	烘箱温度（℃）	耐受电压（kV）	耐受时间（h）	初始电容及介质损耗测量		
				测量电压（有效值，kV）	初始电容（μF）	$\tan\delta$（%）
004	20.0	3.28	16	3.20	106.556	0.0177
规定值	15～35	$\geq U_N$	≥ 12	U_N	—	≤ 0.03

121

表 2-3-46 过电压试验记录（参考示例）

试 品 编 号			004
过电压周期参数	冷冻烘箱温度（℃）		−40.0
	加压前冷冻温箱温度保持时间（h）		24
	运行电压 U_1	电压值（有效值，kV）	3.39～3.63
		U_N 的倍数	1.07～1.14
		持续时间（s）	90
	过电压 U_2	电压值（有效值，kV）	7.11～7.36
		U_N 的倍数	2.24～2.32
		周波数	15～17
试验日期	过电压试验前电容（μF）	过电压次数	过电压试验后电容（μF）
2023.04.25	108.5	60	107.6
2023.04.26	108.4	60	107.5
2023.04.27	108.5	60	107.5
2023.04.28	108.4	60	107.5
2023.05.02	108.4	60	107.6

表 2-3-47 过电压试验记录（试验后试验单元的处理）（参考示例）

试品编号	烘箱温度（℃）	耐受电压（kV）	耐受时间（h）	最后电容和介质损耗测量			
				测量电压（有效值，kV）	最后电容（μF）	最后电容—初始电容（μF）	$\tan\delta$（%）
004	20.0	4.45	96	3.28	106.991	+0.435	0.0196
规定值	15～35	$1.4U_N$	96	U_N	—	<	≤0.03

试验结论：合格/不合格。

3.21 老 化 试 验

3.21.1 试验目的

老化试验是在高于工作场强和运行温度的条件下，验证其所造成的加速老化不会引起介质过早击穿而进行的试验。

3.21.2 试验设备

推荐的试验设备要求见表 2-3-48。

表 2-3-48 试验设备一览表（推荐）

序号	设备名称	设备关键参数和要求
1	老化工频电压试验系统	电压测量范围：应不小于 0～50kV； 变比测量准确度：应不低于 1 级
2	高温试验箱	温度范围：应不低于+20～+100℃； 温度测量准确度：应不低于 0.3℃
3	高压电桥	电容测量范围：应不小于 3pF～20mF； 电容器损耗角正切（$\tan\delta$）测量范围：应不小于 –100%～110%； 测量准确度等级：应不低于 0.001 级
4	数字电容表	电容测量范围：应不小于 200pF～200μF； 电压测量准确度：应不低于 2%

3.21.3 试验方法

3.21.3.1 一般要求

老化试验应按标准程序进行。试验单元应承受端子间例行电压试验；在环境温度不低于 10℃下承受不低于 $1.1U_N$ 电压，历时不少于 16h；在烘箱温度 60℃、$1.40U_N$ 的电压下，持续运行 1000h；试验前后测量电容和电介质损耗角正切。两单元试验时应不发生击穿，三单元试验时允许有一单元击穿。

3.21.3.2 试验过程

老化试验的具体过程如下：

（1）试验单元应在环境温度不低于+10℃下，承受不低于 $1.1U_N$ 的电压，历时不少于 16h。

（2）试验单元应在 $0.9U_N$～$1.1U_N$ 下进行初始电容及电介质损耗角正切（$\tan\delta$）测量，具体测量方法参见本书第二部分 3.2.3。

（3）环境温度应保持恒定，偏差为–2～+5℃。在施加电压前，应将试验单元在这一环境中稳定 12h。由于试验时间长，因此允许电压中断。在电压中断期间，单元仍应处于控制的环境温度中。如果烘箱断电，则在单元再次施加电压前应在环境温度中放置不少于 12h。

（4）在完成步骤（1）～步骤（3）的 2d 内，应在与初始测量的温度偏差为±5℃的相同条件下，保持相同的时间（不少于 12h）重复测量电容和介质损耗角正切。

3.21.3.3 试验温度及电压选取

老化试验过程中电介质的温度应至少保持为 60℃。

试验电压：$1.40U_N$；持续时间：1000h。

3.21.4 结果判定

两单元试验时应不发生击穿，三单元试验时允许有一单元击穿。

为了验证没有击穿，试验前后所测得的电容之差应小于相当于一个元件击穿或一根内部熔丝动作之量。

3.21.5 注意事项

进行本项试验之前，试验单元应能够承受本书第二部分 3.3 中端子之间的例行电压试验。

3.21.6 试验实例

3.21.6.1 接线示意图

老化试验接线示意图如图 2-3-33 所示。

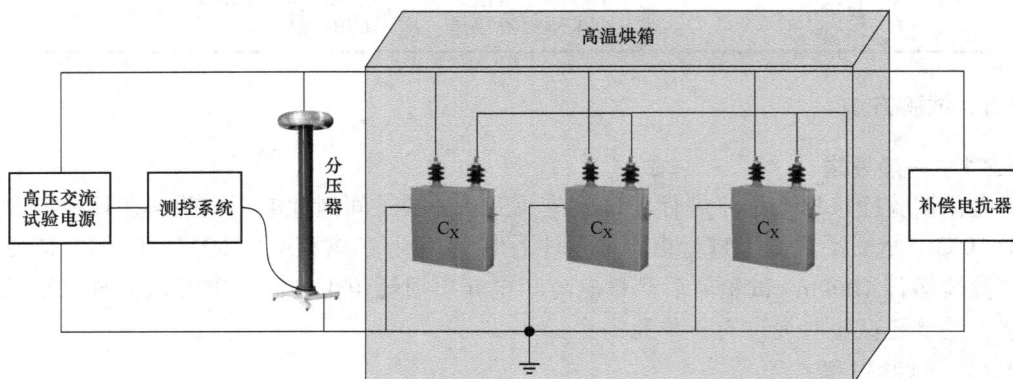

图 2-3-33 老化试验接线示意图

3.21.6.2 试验记录

高压并联电容器老化试验记录见表 2-3-49～表 2-3-53。

表 2-3-49 高压并联电容器老化试验记录（老化试验前：出厂试验）（参考示例）

试品编号	试验电压值（有效值，kV）	耐受时间（s）	端子间电容（μF）			试验结果
			试验前	试验后	变化量	
005	13.67	10	26.2	26.2	0	☑ 无闪络或击穿
006	13.68	10	26.1	26.1	0	☑ 无闪络或击穿
007	13.67	10	26.2	26.2	0	☑ 无闪络或击穿
规定值	$2.15U_N$	10	—	—	<1.35	不应发生闪络或击穿

表 2-3-50 老化试验记录（老化试验前：稳定化处理）（参考示例）

试品编号	烘箱温度（℃）	耐受电压（有效值，kV）	耐受时间（h）	端子间电容（μF）		
				试验前	试验后	变化量
005	25.0	7.02	18	26.2	26.1	−0.1
006	25.0	7.02	18	26.1	26.0	−0.1

试品编号	烘箱温度（℃）	耐受电压（有效值，kV）	耐受时间（h）	端子间电容（μF）		
				试验前	试验后	变化量
007	25.0	7.02	18	26.2	26.0	−0.2
规定值	≥10	≥1.1U_N（=7.02）	≥16	—	—	—

表 2-3-51　老化试验记录（老化试验前：初始电容及电介质损耗角正切测量）（参考示例）

试品编号	烘箱温度（℃）	保持时间（h）	初始电容及介质损耗测量		
			测量电压（有效值，kV）	初始电容（μF）	tanδ（%）
005	25	12	6.60	26.0667	0.0164
006	25	12	6.56	26.0071	0.0172
007	25	12	6.50	26.0482	0.0148
规定值	—	≥12	U_N=6.5	—	—

表 2-3-52　老化试验记录（参考示例）

试品编号	耐压前		耐压时		
	烘箱温度（℃）	保持时间（h）	耐受电压（有效值，kV）	烘箱温度（℃）	保持时间（h）
005	60.0	12	8.90	60.0	1000
006	60.0	12	8.90	60.0	1000
007	60.0	12	8.90	60.0	1000
规定值	60.0	12	1.40U_N=9.1	60	1000

表 2-3-53　老化试验记录（老化试验前：最后电容及电介质损耗角正切测量）（参考示例）

试品编号	初始电容（μF）	温箱温度（℃）	保持时间（h）	最后电容和介质损耗测量			
				测量电压（有效值，kV）	最后电容（μF）	最后电容-初始电容（μF）	tanδ（%）
005	26.0667	25	12	6.41	26.0015	−0.0652	0.0125
006	26.0071	25	12	6.50	25.9485	−0.0586	0.0137
007	26.0482	25	12	6.47	25.9770	−0.0712	0.0116
规定值	—	20~30	≥12	U_N=6.5	—	<1.35	—

试验结论：合格/不合格。

4　高压并联电容器不确定度评定示例

4.1　电容测量不确定度评定

4.1.1　测量回路原理示例

电容测量示例采用电流比较仪型高压电桥，如测量系统包括 YG9187 型全自动高精度高压介质损耗分析仪、BR34 型压缩气体标准电容器和高精密电流互感器。

4.1.2　不确定度分量来源

根据电容测量的测量原理和过程分析，不确定来源如下。

（1）A 类不确定度分量：重复性测量引入的不确定度 u_A。

（2）B 类不确定度分量：

1）由高压标准电容器引入的标准不确定度分量 u_{B1}。

2）由高压电桥引入的不确定度分量 u_{B2}。

3）由电流互感器引入的不确定度分量 u_{B3}。

4.1.3　不确定度分量的计算

4.1.3.1　标准不确定度 A 类评定（由重复性测量引入的不确定度分量）

对 BAM11/$\sqrt{3}$-200-1W 型高压并联电容器，在 100%额定电压（6.38kV）下进行多次重复的电容测量，各次测量结果（各次测量结果的电容偏差均满足标准偏差要求）见表 2-4-1，$\overline{X}_n$=16.02108μF，以此评定测量结果的 A 类不确定度分量。

表 2-4-1　A 类不确定度分量评定测量结果

测量次数	电容（μF）	测量次数	电容（μF）
第 1 次	16.0234	第 6 次	16.0211
第 2 次	16.0236	第 7 次	16.0197
第 3 次	16.0229	第 8 次	16.0192
第 4 次	16.0226	第 9 次	16.0190
第 5 次	16.0212	第 10 次	16.0181

将上述测量数据代入贝塞尔公式，求出电容 X_n 的单次测量的标准偏差（即标准不确定度）标准差为

$$s(\overline{X}_n) = \sqrt{\sum_{i=1}^{n}(X_{ni} - \overline{X}_n)^2 / (n-1)} = 0.00200 \qquad (2\text{-}4\text{-}1)$$

平均值 $\overline{X}_n$ 的实验标准差为

$$s(\overline{X}_n) = s(X_n) / \sqrt{n} = 0.00063 \qquad (2\text{-}4\text{-}2)$$

其相对标准不确定度

$$u_{\text{rel}}(X_A) = s(\overline{X}_n) / \overline{X}_n \times 100\% = 0.003948\% $$

4.1.3.2 标准不确定度 B 类评定

（1）由 BR34 型压缩气体标准电容器引入的相对标准不确定度 $u_{\text{rel}}(X_{B1})$。查标准电容器的校准证书，上级机构对该额定电容量 1000pF 的标准电容器给出的校准结果为：在低于 15kV 的电压范围内，给出的校准结果 $C_n = 998.26$pF，其扩展不确定度为 $u_{\text{rel}} = 4 \times 10^{-4}$，$k=2$，则可以得出此项相对标准不确定度 $u_{\text{rel}}(X_{B1})$

$$u_{\text{rel}}(X_{B1}) = 4 \times 10^{-4} / 2 = 0.02\% \qquad (2\text{-}4\text{-}3)$$

（2）由 YG9187 高压电桥测试引入的标准不确定度分量 $u_{\text{rel}}(X_{B2})$。查高压电桥的校准证书，上级机构给出的校准结果满足 0.001 级的要求，满足均匀分布，包含因子 $k = \sqrt{3}$，则可以得出此项相对标准不确定度 $u_{\text{rel}}(X_{B2})$

$$u_{\text{rel}}(X_{B2}) = 0.001\% / \sqrt{3} = 0.00057\% \qquad (2\text{-}4\text{-}4)$$

（3）由 QS89-3 高精密电流互感器引起的不确定度分量 $u_{\text{rel}}(X_{B3})$。在高压电力电容器的测量中，通常使用 QS89-3 高精密电流互感器的 1000:1 量程，查电流互感器的校准证书，上级机构给出的比值误差校准结果满足 0.002 级的要求，满足均匀分布，包含因子 $k = \sqrt{3}$，则可以得出此项相对标准不确定度 $u_{\text{rel}}(X_{B3})$

$$u_{\text{rel}}(X_{B3}) = 0.002\% / \sqrt{3} = 0.00115\% \qquad (2\text{-}4\text{-}5)$$

4.1.4 合成标准不确定度

电容测量的相对标准不确定度分量见表 2-4-2。

表 2-4-2 电容测量的相对标准不确定度分量一览表

相对标准不确定度分量	不确定度类别	不确定度来源	测量结果的分布	相对标准不确定度（%）
$u_{\text{rel}}(X_A)$	A	重复性测量引起	正态分布	0.003948
$u_{\text{rel}}(X_{B1})$	B	标准电容器引入	正态分布	0.02
$u_{\text{rel}}(X_{B2})$	B	高压电桥引入	均匀分布	0.00057
$u_{\text{rel}}(X_{B3})$	B	电流互感器引入	均匀分布	0.00115

则合成相对标准不确定度

$$u_{\text{rel}}(X) = 0.02043\%$$

合成标准不确定度

$$u(X) = \bar{X} \times u_{\text{rel}}(X) = 0.003273\mu F$$

4.1.5 扩展不确定度

通常取包含因子 $k=2$，扩展不确定度 u_c 的表达式为

$$u_c = k \times u(X) = 0.006545\mu F \tag{2-4-6}$$

4.2 电容器损耗角正切（tanδ）测量不确定度评定

4.2.1 测量回路原理示例

电容器损耗角正切（tanδ）测量示例采用电流比较仪型高压电桥，测量系统包括 YG9187 型全自动高精度高压介损分析仪、BR34 型压缩气体标准电容器和高精密电流互感器。

4.2.2 不确定度分量来源

根据电容器损耗角正切（tanδ）的测量原理和过程分析，不确定度来源如下。

（1）A 类不确定度分量：重复性测量引入的不确定度 u_A。

（2）B 类不确定度分量：

1）由高压标准电容器引入的标准不确定度分量 u_{B1}。

2）由高压电桥引入的不确定度分量 u_{B2}。

3）由电流互感器引入的不确定度分量 u_{B3}。

4.2.3 不确定度分量的计算

4.2.3.1 标准不确定度 A 类评定（由重复性测量引入的不确定度分量）

对 BAM11/$\sqrt{3}$ -200-1W 型高压并联电容器，在 100%额定电压（6.36kV）下进行多次重复的电容器损耗角正切（tanδ）测量，各次测量结果均满足标准要求（≤0.03%），$\bar{X}_n$=0.01309%，见表 2-4-3，以此评定测量结果的 A 类不确定度分量。

表 2-4-3　A 类不确定度分量评定测量结果

测量次数	电容器损耗角正切 tanδ（%）	测量次数	电容器损耗角正切 tanδ（%）
第 1 次	0.0130	第 6 次	0.0130
第 2 次	0.0129	第 7 次	0.0131
第 3 次	0.0129	第 8 次	0.0134
第 4 次	0.0134	第 9 次	0.0131
第 5 次	0.0131	第 10 次	0.0130

将上述测量数据代入贝塞尔公式，求出电容器损耗角正切（tanδ）值 X_n 的单次测量标准偏差（即标准不确定度），标准差表达式参见式（2-4-7）。

$$s(\overline{X}_n) = \sqrt{\sum_{i=1}^{n}(X_{ni} - \overline{X}_n)^2 / (n-1)} = 0.00000179 \qquad (2\text{-}4\text{-}7)$$

平均值 $\overline{X}_n$ 的试验标准差为

$$s(\overline{X}_n) = s(X_n)/\sqrt{n} = 0.00000057 \qquad (2\text{-}4\text{-}8)$$

其相对标准不确定度

$$u_{rel}(X_A) = s(\overline{X}_n)/\overline{X}_n \times 100\% = 0.43243\%$$

4.2.3.2 标准不确定度 B 类评定

（1）由 BR34 型压缩气体标准电容器引入的相对标准不确定度 $u_{rel}(X_{B1})$。查标准电容器的校准证书，上级机构给出的介质损耗校准结果满足使用要求，其最大允许误差为 ± 0.006%，满足均匀分布，包含因子 $k=\sqrt{3}$，则可以得出此项相对标准不确定度 $u_{rel}(X_{B1})$

$$u_{rel}(X_{B1}) = 0.006\%/\sqrt{3} = 0.00346\% \qquad (2\text{-}4\text{-}9)$$

（2）YG9187 高压电桥测试引入的标准不确定度分量 $u_{rel}(X_{B2})$。查高压电桥经校准合格，有电桥说明书可知其在量程下的精度为 ±0.2%rdg±1×10^{-5}，根据上述电容量测试结果 $\overline{X}_1$=0.0131%。

1）读数误差（rdg）：0.0131%×0.2%=0.0000262%。

2）有效数字（LSD）：1×10^{-5}。

合计误差：0.0010262%。

其服从均匀分布，包含因子 $k=\sqrt{3}$，则

$$u_{rel}(X_{B2}) = 0.0010262\%/0.01309\%/\sqrt{3} = 4.5263\% \qquad (2\text{-}4\text{-}10)$$

（3）由 QS89-3 高精密电流互感器引起的不确定度分量 $u_{rel}(X_{B3})$。在高压电力电容器的测量中，通常使用 QS89-3 高精密电流互感器的 1000:1 量程，查电流互感器的校准证书，上级机构给出的比值误差校准结果满足 0.005 级的要求，满足均匀分布，包含因子 $k=\sqrt{3}$，则可以得出此项相对标准不确定度 $u_{rel}(X_{B3})$：

$$u_{rel}(X_{B3}) = 0.005\%/\sqrt{3} = 0.00289\% \qquad (2\text{-}4\text{-}11)$$

4.2.4 合成标准不确定度

电容器损耗角正切（tanδ）测量的相对标准不确定度分量见表 2-4-4。

表 2-4-4 电容器损耗角正切（tanδ）测量的相对标准不确定度分量一览表

相对标准不确定度分量	不确定度类别	不确定度来源	测量结果的分布	相对标准不确定度（%）
$u_{rel}(X_A)$	A	重复性测量性引起	正态分布	0.43243
$u_{rel}(X_{B1})$	B	标准电容器引入	均匀分布	0.00346

相对标准 不确定度分量	不确定度 类别	不确定度来源	测量结果的 分布	相对标准不确定度 （%）
$u_{rel}(X_{B2})$	B	高压电桥引入	均匀分布	4.5263
$u_{rel}(X_{B3})$	B	电流互感器引入	均匀分布	0.00289

则合成相对标准不确定度

$$u_{rel}(X)=4.5469\%$$

合成标准不确定度

$$u(X)=\overline{X} \times u_{rel}(X)=0.000595\%$$

4.2.5　扩展不确定度

通常取包含因子 $k=2$，扩展不确定度 u_c 的表达式（2-4-12）为

$$u_c = k \times u(X) = 0.00119\% \qquad (2\text{-}4\text{-}12)$$

4.3　高温下电容器损耗角正切（tanδ）测量不确定度评定

4.3.1　测量回路原理示例

高温下电容器损耗角正切（tanδ）测量示例采用电流比较仪型高压电桥，测量系统包括 YG9187 型全自动高精度高压介损分析仪、BR34 型压缩气体标准电容器和高精密电流互感器。本试验要求在热稳定试验结束时、在热稳定试验电压下进行测量。

4.3.2　不确定度分量来源

根据高温下电容器损耗角正切（tanδ）测量的测量原理和过程分析，不确定度来源如下。

（1）A 类不确定度分量：重复性测量引入的不确定度 u_A。

（2）B 类不确定度分量。

1）由高压标准电容器引入的标准不确定度分量 u_{B1}。

2）由高压电桥引入的不确定度分量 u_{B2}。

（3）由电流互感器引入的不确定度分量 u_{B3}。

（4）由介质损耗的电压系数和温度系数等引起的不确定度分量 u_{B4}。

4.3.3　不确定度分量的计算

4.3.3.1　标准不确定度 A 类评定（由重复性测量引入的不确定度分量）

对 BAM11/$\sqrt{3}$-200-1W 型高压并联电容器，在热稳定试验电压（7.65kV）下、在热稳定试验结束时，进行多次重复的高温下电容器损耗角正切（tanδ）测量（此时试品壳

温为 56.9℃），各次测量结果均满足标准要求（≤0.03%），$\overline{X}_n$=0.01016%，见表 2-4-5，以此评定测量结果的 A 类不确定度分量。

表 2-4-5　A 类不确定度分量评定测量结果

测量次数	电容器损耗角正切 tanδ（%）	测量次数	电容器损耗角正切 tanδ（%）
第 1 次	0.0130	第 3 次	0.0129
第 2 次	0.0129	第 4 次	0.0134
第 5 次	0.0131	第 8 次	0.0134
第 6 次	0.0130	第 9 次	0.0131
第 7 次	0.0131	第 10 次	0.0130

将上述测量数据代入贝塞尔公式，求出高温下电容器损耗角正切（tanδ）值 X_n 的单次测量标准偏差（即标准不确定度），标准差表达式参见式（2-4-13）。

$$s(\overline{X}_n) = \sqrt{\sum_{i=1}^{n}(X_{ni} - \overline{X}_n)^2 / (n-1)} = 0.000000516 \qquad （2\text{-}4\text{-}13）$$

平均值 $\overline{X}_n$ 的试验标准差为

$$s(\overline{X}_n) = s(X_n) / \sqrt{n} = 0.000000163 \qquad （2\text{-}4\text{-}14）$$

其相对标准不确定度

$$u_{\text{rel}}(X_A) = s(\overline{X}_n) / \overline{X}_n \times 100\% = 0.1606\%$$

4.3.3.2　标准不确定度 B 类评定

（1）由 BR34 型压缩气体标准电容器引入的相对标准不确定度 $u_{\text{rel}}(X_{B1})$，查标准电容器的校准证书，上级机构给出的介质损耗校准结果满足使用要求，其最大允许误差为 ±0.006%，满足均匀分布，包含因子 $k = \sqrt{3}$，则可以得出此项相对标准不确定度 $u_{\text{rel}}(X_{B1})$ 如式（2-4-15）所示。

$$u_{\text{rel}}(X_{B1}) = 0.006\% / \sqrt{3} = 0.00346\% \qquad （2\text{-}4\text{-}15）$$

（2）YG9187 高压电桥测试引入的标准不确定度分量 $u_{\text{rel}}(X_{B2})$ 查高压电桥经校准合格，有电桥说明书可知其在量程下的精度为 ±0.2%rdg±1×10^{-5}，根据上述电容量测试结果 $\overline{X}1$=0.0131%。

1）读数误差（rdg）：0.0102%×0.2%=0.0000202%。

2）有效数字（LSD）：1×10^{-5}。

合计误差：0.0010202%。

其服从均匀分布，包含因子 $k = \sqrt{3}$，则标准不确定度分量为

$$u_{\text{rel}}(X_{B2}) = 0.0010202\% / 0.01016\% / \sqrt{3} = 5.7975\% \qquad （2\text{-}4\text{-}16）$$

（3）由 QS89-3 高精密电流互感器引起的不确定度分量 $u_{\text{rel}}(X_{B3})$，在高压电力电容

器的测量中，通常使用 QS89-3 高精密电流互感器的 1000:1 量程，查电流互感器的校准证书，上级机构给出的比值误差校准结果满足 0.005 级的要求，满足均匀分布，包含因子 $k=\sqrt{3}$，则可以得出此项相对标准不确定度 $u_{\mathrm{rel}}(X_{\mathrm{B3}})$ 为

$$u_{\mathrm{rel}}(X_{\mathrm{B3}}) = 0.005\% / \sqrt{3} = 0.00289\% \qquad (2\text{-}4\text{-}17)$$

（4）由介质损耗的电压系数和温度系数等引起的不确定度分量 $u_{\mathrm{rel}}(X_{\mathrm{B4}})$，根据经验可知，由介质损耗的电压系数和温度系数影响的极限误差不超过 0.001%，由它引起的不确定度分量

$$u_{\mathrm{rel}}(X_{\mathrm{B4}}) = 0.001\% / \sqrt{3} = 0.00057\% \qquad (2\text{-}4\text{-}18)$$

4.3.4 合成标准不确定度

高温下电容器损耗角正切（tanδ）测量的相对标准不确定度分量如表 2-4-6 所示。

表 2-4-6 高温下电容器损耗角正切（tanδ）测量的相对标准不确定度分量一览表

相对标准不确定度分量	不确定度类别	不确定度来源	测量结果的分布	相对标准不确定度（%）
$u_{\mathrm{rel}}(X_{\mathrm{A}})$	A	重复性测量引起	正态分布	0.1606
$u_{\mathrm{rel}}(X_{\mathrm{B1}})$	B	标准电容器引入	均匀分布	0.00346
$u_{\mathrm{rel}}(X_{\mathrm{B2}})$	B	高压电桥引入	均匀分布	5.7975
$u_{\mathrm{rel}}(X_{\mathrm{B3}})$	B	电流互感器引入	均匀分布	0.00289
$u_{\mathrm{rel}}(X_{\mathrm{B4}})$	B	介质损耗的电压系数和温度系数等引入	均匀分布	0.00057

则合成相对标准不确定度

$$u_{\mathrm{rel}}(X) = 5.7997\%$$

合成标准不确定度

$$u(X) = \overline{X} \times u_{\mathrm{rel}}(X) = 0.000589\%$$

4.3.5 扩展不确定度

通常取包含因子 $k=2$，扩展不确定度 u 的表达式为

$$u_{\mathrm{c}} = k \times u(X) = 0.00118\% \qquad (2\text{-}4\text{-}19)$$